全国中等职业学校电工类专业通用
全国技工院校电工类专业通用（中级技能层级）

电力拖动控制线路与技能训练（第六版）习题册

李敬梅　主编

中国劳动社会保障出版社

内容简介

本习题册为全国中等职业学校电工类专业通用教材、全国技工院校电工类专业通用教材（中级技能层级）《电力拖动控制线路与技能训练（第六版）》的配套用书。本习题册按照教材章节顺序编排，内容紧扣教学要求，知识点分布均衡，题型丰富多样，习题难易适中，有助于学生复习巩固所学知识。

本习题册由李敬梅担任主编，谢京军、孙宾、卢旭辰、许庆荣、刘超参加编写，李宗金审稿。

图书在版编目（CIP）数据

电力拖动控制线路与技能训练（第六版）习题册 / 李敬梅主编 . -- 北京：中国劳动社会保障出版社，2020

全国中等职业学校电工类专业通用　全国技工院校电工类专业通用 . 中级技能层级

ISBN 978-7-5167-4723-0

Ⅰ. ①电…　Ⅱ. ①李…　Ⅲ. ①电力传动 - 自动控制系统 - 中等专业学校 - 习题集　Ⅳ. ①TM921.5-44

中国版本图书馆 CIP 数据核字（2020）第 219940 号

中国劳动社会保障出版社出版发行

（北京市惠新东街 1 号　邮政编码：100029）

*

河北鹏盛贤印刷有限公司印刷装订　新华书店经销

787 毫米 ×1092 毫米　16 开本　8 印张　170 千字

2020 年 12 月第 1 版　2025 年 11 月第 13 次印刷

定价：16.00 元

营销中心电话：400-606-6496

出版社网址：http://www.class.com.cn

http://jg.class.com.cn

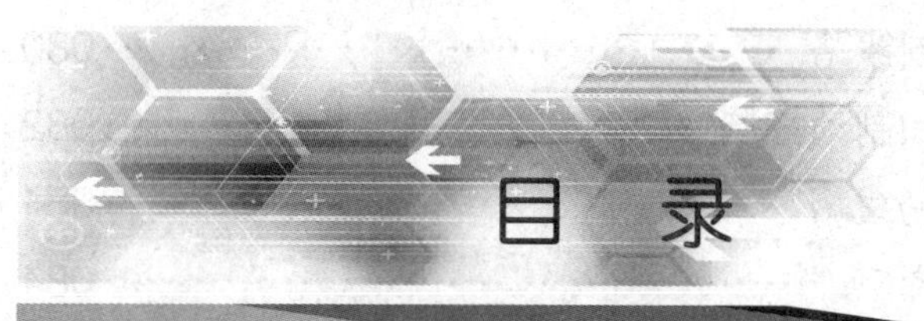

目　录

第三单元 常用生产机械的电气控制线路及其安装、调试与维修

第四单元 变频调速系统

第一单元　常用低压电器及其安装、检测与维修

课题 1　低压电器的分类和常用术语

一、填空题

1．电力拖动是指用________拖动生产机械的工作机构使之运转的一种拖动方式。

2．凡采用电力拖动的生产机械，其电动机的运转都是由各种接触器、继电器、按钮、行程开关等________构成的控制线路来进行控制的。

3．工作在交流额定电压______V 及以下、直流额定电压______V 及以下的电器称为低压电器。

4．低压电器按其用途和所控制的对象不同，分为____________和____________。

5．低压电器按其动作方式的不同，分为______________和______________。

6．低压电器按其执行机构的不同，分为________________和________________。

二、选择题

1．开关电器的通断时间是指（　　）。

A．从电流开始在开关电器的一个极流过的瞬间起，到所有极的电弧最终熄灭的瞬间为止的时间间隔

B．从电流开始在开关电器的一个极流过的瞬间起，到该极上电弧最终熄灭的瞬间为止的时间间隔

C．从操作开关电器闭合的瞬间起，到操作开关电器断开的瞬间为止的时间间隔

D．从开关电器实际闭合的瞬间起，到开关电器实际断开的瞬间为止的时间间隔

2．开关电器的分断能力是指其在规定的条件下，（　　）。

A．能在给定的电压下分断的预期分断时间长短

B．能在给定的电压下分断的预期分断电流大小

C．能够正常分断所要求的最小电压值

D．能够正常分断所要求的最大电压值

3．开关电器在（　　）内可能实现的最高循环操作次数称为操作频率。

A．每天　　B．每分钟　　C．每小时　　D．每秒

4．在规定的正常工作条件下，机械开关电器不需要修理或更换的负载操作循环次数称为（　　）。

A．机械寿命　　B．连续工作持续率

C．通电持续率　　D．电寿命

课题 2 低压熔断器

一、填空题

1．低压熔断器的作用是在线路中作__________，通常简称为熔断器。

2．熔断器使用时，应________在被保护的电路中。熔断器在电路图中的符号是________。

3．熔断器主要由________、________________和________三部分组成。

4．熔管是熔体的保护外壳，用________________制成，在熔体熔断时兼有______作用。

5．熔座是熔断器的底座，其作用是固定________和______________。

6．如果熔断器的实际工作电压大于其额定电压，熔体熔断时可能会发生______不能熄灭的危险。

7．熔断器的额定电流是指保证熔断器能长期正常工作的电流，是由熔断器各部分长期工作时的__________决定的。而熔体的额定电流是指在规定的工作条件下，长时间通过熔体而熔体不熔断的________电流值。

8．熔断器型号中，R 表示__________，C 表示__________，L 表示__________，M 表示______________，T 表示______________，S 表示__________，Z 表示__________。

9．型号 RL1–15/2 中，R 表示________，L 表示________，设计代号为______，熔断器额定电流是______，熔体额定电流是______。

10．RL1 系列螺旋式熔断器主要由______、________、______、__________、下接线座及瓷底座等部分组成。

11．RT0 系列有填料封闭管式熔断器配有______指示装置，并可用配备的专用绝缘手柄在带电的情况下更换______。

12．快速式熔断器主要用于半导体硅整流元件的________保护，其主要特点是熔断时间______，动作迅速。

13．自复式熔断器是一种采用______、______或____________等作熔体的限流元件。

14．自复式熔断器具有______作用显著、___________、动作后不必更换熔体、能重复使用、能实现自动重合闸等优点，所以在生产中的应用范围广泛。

15．选用熔断器时，必须使熔断器的额定电压____或____线路的额定电压；熔断器的额定电流____或______所装熔体的额定电流；熔断器的分断能力______电路中可能出现的最大短路电流。

16．螺旋式熔断器接线时，电源线应接在____接线座上，负载线应接在____接线座上，以保证能安全地更换熔管。

17．更换熔体或熔管时，必须______电源，尤其不允许________操作，以免发生电弧灼伤。管式熔断器的熔体应用专用的______________进行更换。

18. 对 RM10 系列熔断器，在切断过三次相当于分断能力的电流后，必须更换________，以保证能可靠地切断所规定分断能力的电流。

19. 熔断器兼作隔离器件使用时，应安装在控制开关的__________端；若仅作短路保护用，应装在控制开关的________端。

二、判断题

1. 熔断器的额定电流与熔体的额定电流是两个相同的概念。（　　）

2. 熔断器的熔断时间随电流的增大而减小。（　　）

3. 在电动机控制线路中，熔断器既可以作为短路保护电器使用，也可以作为过载保护电器使用。（　　）

4. 熔断器对短路反应灵敏，但对过载反应是很不灵敏的。（　　）

5. 在照明和电加热电路中，熔断器既可以作过载保护，也可以作短路保护。（　　）

6. 当熔体的规格过小时，可用多根小规格的熔体并联代替一根大规格的熔体。（　　）

7. 在更换新的熔体时，不能轻易改变熔体的规格，更不准随便使用铜丝或铁丝代替熔体。（　　）

三、选择题

1. 熔断器串接在电路中主要用作（　　）。

A. 短路保护　　B. 过载保护　　C. 欠压保护

2. 一个额定电流等级的熔断器可以配用若干个额定电流等级的熔体，但要保证熔断器的额定电流值（　　）所装熔体的额定电流值。

A. 大于　　B. 大于或等于　　C. 小于

3. 在多级保护的场合，各级熔体应相互配合，上级熔断器的额定电流等级以大于下级熔断器额定电流等级（　　）级为宜。

A. 一　　B. 两　　C. 三

4. 熔断器的核心是（　　）。

A. 熔体　　B. 熔管　　C. 熔座

5. 当从螺旋式熔断器的瓷帽玻璃窗口观测到带小红点的熔断指示器自动脱落时，表示熔丝（　　）。

A. 未熔断　　B. 已经熔断　　C. 无法判断

6. 熔断器在电气线路或设备出现短路故障时，应（　　）。

A. 不熔断　　B. 立即熔断　　C. 延时熔断

7. 对照明和电热等电流较平稳、无冲击电流的负载的短路保护，熔体的额定电流应（　　）负载的额定电流。

A. 等于或稍大于　　B. 大于　　C. 小于

8. 对于短路电流相当大的电路或有易燃气体的环境，应选用（　　）熔断器作为短路保护。

A. RL 系列螺旋式　　B. RT0 系列有填料封闭管式

C．RM10 系列无填料封闭管式

9．在机床控制线路中，多选用（　　）熔断器作为短路保护。

A．RL 系列螺旋式　　B．RT0 系列有填料封闭管式

C．RM10 系列无填料封闭管式

10．对一台不经常启动且启动时间不长的电动机的短路保护，熔体的额定电流 I_{RN} 应大于或等于（　　）倍电动机额定电流 I_N。

A．4~7　　B．1.5~2.5　　C．1~2

四、问答题

1．什么是熔断器的额定电压？超过额定电压工作会有什么危害？

2．熔断器为什么一般不宜作过载保护，主要用作短路保护？结合熔断器的时间－电流特性说明原因。

3．熔断器的选用应从哪几个方面考虑？

4．某电路中，电路接通瞬间熔体熔断，试分析故障原因。

五、计算题

某机床一台三相异步电动机的型号为Y132S–4，额定功率为5.5 kW，额定电压为380 V，额定电流为11.6 A，该电动机正常工作时不需要频繁启动。若用熔断器为该电动机提供短路保护，熔断器的型号规格应如何选择？

课题3 低压开关

一、填空题

1．低压开关一般为__________电器，主要用于______、______、______和______电路。

2．在电力拖动中，低压开关多数用作机床电路的________________和局部照明电路的________，也可用来直接控制________电动机的启动、停止和正反转。

3．常用的低压开关有____________、________和_________，它们的符号分别是________、________和________。

4．低压断路器又称为_____________或_______________，简称_________。它集________和________功能于一体，在线路工作正常时，可用于不频繁地接通和分断电路；当电路中发生________、________和________等故障时，它能自动跳闸切断故障电路，保护线路和电气设备。

5．低压断路器按结构形式可分为_________、___________、________、________、灭磁式和____________等六类；按极数分为_______、_______、________和________。

6．DZ5系列断路器主要由__________、__________、__________、____________、

________及绝缘外壳等部分组成。

7．断路器的热脱扣器用作_____保护，由电流调节装置调节_______的大小。

8．电磁脱扣器用作_____保护，由电流调节装置调节______________的大小。

9．欠压脱扣器用作_______和_______保护。具有欠压脱扣器的断路器，在欠压脱扣器两端_______或__________时，不能接通电路。

10．选用低压断路器时，应使：

（1）额定电压和额定电流应_______线路、设备的正常工作电压和工作电流。

（2）热脱扣器的整定电流应_____所控制负载的额定电流。

（3）电磁脱扣器的瞬时脱扣整定电流应_____负载电路正常工作时的_______电流。

（4）欠压脱扣器的额定电压应_____线路的额定电压。

（5）断路器的极限通断能力应_____电路的_____短路电流。

11．用于控制电动机的断路器，其瞬时脱扣整定电流可按公式______________选取，其中，K 为安全系数，可取_________，I_{st} 为电动机的_________。

12．低压断路器应_____安装，电源线应接在____端，负载线应接在____端。

13．低压断路器用作电源总开关或电动机的控制开关时，在电源进线侧必须加装_____开关或_______等，以形成明显的断开点。

14．断路器闭合后一定时间自行分断，其故障原因是______________，处理的方法是_______整定值至规定值。

15．负荷开关分为_______负荷开关和_________负荷开关两种。

16．开启式负荷开关又称为__________________，简称___________。

17．生产中常用的开启式负荷开关是_____系列，其结构简单，价格便宜，适用于交流 50 Hz、额定电压单相___V 或三相_____V、额定电流 10~100 A 的照明、电热设备及小容量电动机控制线路中，供手动_________地接通和分断电路，并起_______保护。

18．开启式负荷开关的瓷底座上装有_______、_________、_______、_______和带瓷质手柄的_________，上面盖有胶盖以防止操作时触及_____或分断时产生的_______飞出伤人。

19．断路器、负荷开关必须_______安装，保证合闸状态时手柄应朝_____。

20．开启式负荷开关用于控制照明和电热负载时，选用额定电压______或______，额定电流不小于电路所有负载额定电流之和的_______开关，且要在开关内装接合适的熔体作_______保护和_________保护。

21．开启式负荷开关接线时应把_________接在静触头一边的进线座，_________接在动触头一边的出线座。

22．封闭式负荷开关必须垂直安装于__________和_______的场合，安装高度一般离地不低于_________m，外壳必须__________。

23．HH 系列封闭式负荷开关的罩盖与操作机构设置了联锁装置，保证开关在合闸状态下罩盖_________，而当罩盖开启时又不能_________，以确保操作安全。

24. 组合开关又称___________，其特点是体积_____________，触头对数____，______方式灵活，操作方便。

25. 倒顺开关是组合开关的一种，也称___________，是专为控制小容量三相异步电动机的_______而设计生产的。开关的手柄有_______、______、______三个位置，手柄只能从_______的位置左转____或右转_____。

26. 组合开关应根据__________、__________、____________、__________和_________进行选用。

二、判断题

1. 低压断路器只能起控制电路接通和断开的作用，不能起保护作用。（　　）

2. 低压断路器中电磁脱扣器的作用是实现失压保护。（　　）

3. DZ5 系列断路器的热脱扣器和电磁脱扣器均设有电流调节装置。（　　）

4. 低压断路器各脱扣器的动作值一经调整好，不允许随意变动，以免影响脱扣器的动作值。（　　）

5. HK 系列开启式负荷开关没有专门的灭弧装置，因此不宜用于操作频繁的电路。（　　）

6. 开启式负荷开关用作电动机的控制开关时，应根据电动机的容量选配合适的熔体并装于开关内作短路保护。（　　）

7. 开启式负荷开关既可以垂直安装也可以倒装或平装在控制屏或开关板上。（　　）

8. HH 系列封闭式负荷开关的进出线都必须穿过开关的进出线孔，在进行分合闸操作时，要站在开关的手柄侧，而不准面对开关，以保证安全。（　　）

9. 由于负荷开关采用了扭簧储能结构，故开关的闭合和分断速度与手动操作速度无关。（　　）

10. HZ10 系列组合开关应安装在控制箱（或壳体）内，其操作手柄最好伸出在控制箱的前面或侧面。开关为断开状态时，应使手柄在垂直旋转位置。（　　）

11. 倒顺开关外壳上的接地螺钉应可靠接地。（　　）

12. 组合开关的通断能力较低，不能用来分断故障电流。（　　）

三、选择题

1. DZ5-20 系列低压断路器中热脱扣器的作用是（　　）。

A. 欠压保护　　B. 短路保护　　C. 过载保护

2. DZ5-20 系列低压断路器中电磁脱扣器的作用是（　　）。

A. 欠压保护　　B. 短路保护　　C. 过载保护

3. HK 系列开启式负荷开关用于一般的照明电路和功率小于（　　）kW 的电动机控制线路中。

A. 5.5　　B. 7.5　　C. 10　　D. 15

4. HK 系列开启式负荷开关用于控制电动机的直接启动和停止时，选用额定电压 380 V 或 500 V，额定电流不小于电动机额定电流（　　）倍的三极开关。

A. 1.5　　B. 2　　C. 3

5．组合开关用于控制小型异步电动机的运转时，开关的额定电流一般取电动机额定电流的（　　）倍。

A．1.5~2.5　　　　B．1~2　　　　　C．2~3

四、问答题

1．如果低压断路器在使用过程中温升过高，故障原因可能有哪些？

2．用低压断路器启动小容量电动机时，按下“合”按钮，断路器接通电路，但运行一段时间后自行分断。分析故障原因，应如何处理？

3．开启式负荷开关处于合闸状态时，手柄应置于哪个方向？为什么？

4. 某小型异步电动机的额定电流为 35 A，则根据额定电流，至少应选择 HZ10 系列组合开关中的哪个型号？

5. 某组合开关使用中，发现手柄转动后，动静触头不能按要求动作，经查看，组合开关型号选用正确，那么可能的故障原因是什么？应如何处理？

五、计算题

某机床电动机的型号为 Y112M–4，额定功率为 4 kW，额定电压为 380 V，额定电流为 8.8 A，启动电流为额定电流的 7 倍，该电动机正常工作时不需要频繁启动。断路器的型号和规格应如何选择？

课题4　主令电器

一、填空题

1．按钮是一种用______某一部分所施加力而操作、并具有__________复位的控制开关，是一种最常用的主令电器。

2．按钮的触头允许通过的电流较________，一般不超过____A。

3．按钮按不受外力作用（即静态）时触头的分合状态，分为_________、_________和复合按钮。

4．为了便于操作人员识别各个按钮的作用，避免误操作，通常用不同的______和____标志来区分按钮的作用。

5．按钮颜色的含义如下：红色含义是______，当______或______情况时操作；黄色含义是______，当出现______情况时操作；绿色含义是______，在______情况或为______情况准备时操作；蓝色含义是________，当要求__________情况下时操作。

6．按钮结构形式代号的含义如下：K 表示______；H 表示______；S 表示______；F 表示________；J 表示_________；X 表示___________；Y 表示____________；D 表示__________。

7．同一机床运动部件有几种不同的工作状态时（如上、下；前、后；松、紧等），应使每一对________状态的按钮安装在一组。

8．行程开关主要用于控制生产机械的运动______、_________、行程大小或位置，是一种自动控制电器。

9．机床中常用的行程开关有 LX19 和 JLXK1 等系列，各系列行程开关的基本结构大体相同，都是由__________、__________和________组成。

10．以某种行程开关元件为基础，装置不同的________，可得到各种不同形式的行程开关，常见的有____________________和____________________。

11．行程开关的动作方式可分为________、________和____________三种。动作后的复位方式有________复位和__________复位两种。

12．行程开关主要根据__________、________及____________来选择。

13．行程开关是有触点开关，接近开关是一种与运动部件____________而能操作的行程开关，故又称为__________行程开关。

14．万能转换开关是由________相同的触头组件叠装而成的、控制________的主令电器。

15．万能转换开关主要由________、_________、________、________、_________等部件组成，用螺栓组装成一个整体。

16．万能转换开关的符号中，“—○　○—”代表________，竖的虚线表示________。当手柄置于某一个位置上时，处于________状态的触头下方虚线上要标注黑点“·”。

17．万能转换开关触头的通断也可用触头分合表来表示。表中“×”号表示触头

________，空白表示触头________。

18．万能转换开关主要根据________、________、____________和________来选择。

19．主令控制器安装前应操作手柄不少于________次。投入运行前，应使用500~1 000 V的兆欧表测量其绝缘电阻，绝缘电阻一般应大于______ MΩ。主令控制器外壳上的接地螺栓应与__________可靠地连接。

二、判断题

1．按钮既可以在控制电路中发出指令或信号，去控制接触器、继电器等电器，也可直接控制主电路的通断。 (　　)

2．按钮的安装应牢固，安装按钮的金属板或金属按钮盒必须可靠接地。 (　　)

3．按下复合按钮时，其常开触头和常闭触头同时动作。 (　　)

4．光标按钮可用于需长期通电显示处，兼作指示灯使用。 (　　)

5．当按下启动按钮然后再松开时，其常开触头一直处于闭合接通状态。 (　　)

6．常闭按钮作停止按钮使用。 (　　)

7．行程开关与按钮基本相似，也是用手指来发出控制指令的主令电器。 (　　)

8．主令控制器是按照预定程序换接控制电路接线的主令电器。 (　　)

9．非调整式主令控制器和调整式主令控制器若需调整时，都必须更换凸轮片。 (　　)

10．主令控制器不使用时，手柄应停在零位。 (　　)

三、选择题

1．常开按钮（　　）。

A．只能接通电路　　B．只能断开电路

C．能接通或断开电路

2．常闭按钮（　　）。

A．只能接通电路　　B．只能断开电路

C．能接通或断开电路

3．行程开关的触头动作是通过（　　）来实现的。

A．手指的按压

B．生产机械运动部件的碰压

C．手指的按压或者生产机械运动部件的碰压

4．双轮旋转式行程开关为（　　）。

A．非自动复位式　　B．自动复位式

C．自动或非自动复位式

5．接近开关按工作原理可分为多种类型，最常用的接近开关为（　　）。

A．光电型　　B．电容型　　C．高频振荡型

6．主令控制器触头的闭合和分断顺序是由凸轮块的（　　）决定的。

A．多少　　B．形状　　C．大小

四、填图题

根据图 1–1 所示按钮的结构，写出各按钮的名称及数字所表示的结构名称，画出各按钮的符号，并简述它们的动作原理。

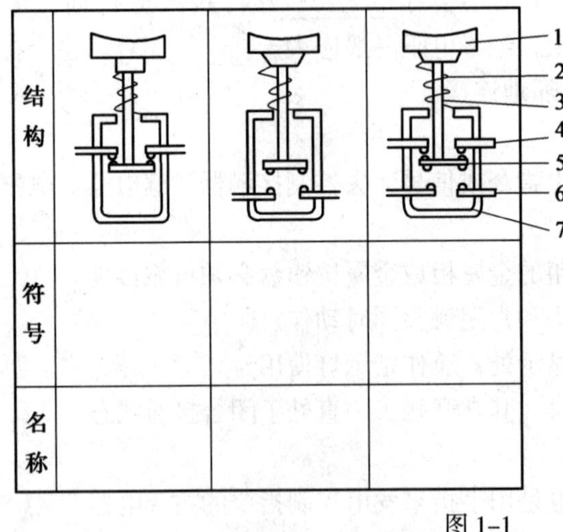

1 ________

2 ________

3 ________

4 ________

5 ________

6 ________

7 ________

图 1–1

五、问答题

1．按钮出现触头间接触不良时，应如何处理？

2．当生产机械运动部件上的挡铁碰撞行程开关后，发现其触头不动作，可能的故障原因是什么？

3．安装和使用行程开关应注意哪些问题？

4．若使用万能转换开关控制电动机的正反转，应注意什么问题？

5．主令控制器有哪些功能？导致其操作不灵活或有噪声的可能原因是什么？

课题5　接　触　器

一、填空题

1．接触器实际上是一种自动的______开关。触头的通断不是______控制，而是______操作。

2．接触器按主触头通过电流的种类，分为______________和________________两类。

3．交流接触器主要由__________、__________、__________和__________等组成。

4．交流接触器的电磁系统主要由__________、__________和__________________三部分组成。

5．交流接触器利用电磁系统中______的通电或断电，使静铁芯吸合或释放______，从而带动________与静触头闭合或分断，实现电路的接通或断开。

6．交流接触器的铁芯一般用E形________叠压而成，以减少铁芯的________和______损耗。铁芯的两个端面上嵌有________，用以消除电磁系统的振动和噪声。

7．CJ10系列交流接触器的衔铁运动方式有两种，对于额定电流为40 A及以下的接触器，采用衔铁直线运动的__________；对于额定电流为60 A及以上的接触器，采用衔铁绕轴转动的__________。

8．交流接触器的触头按接触情况可分为________、________和________三种；按触头的结构形式可分为__________和_________两种；按通断能力可分为_________和________。

9．当接触器线圈通电时，______触头先断开，______触头随后闭合，中间有一个很短的________。当线圈断电后，________触头先恢复断开，________触头随后恢复闭合，中间也存在一个很短的__________。

10．接触器灭弧装置的作用是熄灭触头________时产生的电弧，以减轻电弧对触头的灼伤，保证可靠地分断电路。

11．交流接触器常采用的灭弧装置有______________________、______________和__________________。

12．常用的CJ10等系列交流接触器在__________倍的额定电压下能保证可靠吸合。

13．直流接触器主要由__________、____________和____________三大部分组成。

14．直流接触器的主触头接通和断开的电流较______，多采用滚动接触的______触头，以延长触头使用寿命。辅助触头的通断电流较____，多采用__________触头，可有若干对。

15．直流接触器一般采用__________灭弧装置结合其他灭弧方法灭弧。

16．交流接触器按负荷种类一般分为一类、二类、三类和四类，分别记为________、________、________和________。三类交流接触器的典型用途是______________的运转和运行中的分断。

17．交流接触器触头的常见故障有________、__________和____________。

18．操作频率过高会使交流接触器的________过热，甚至烧毁。

二、判断题

1．接触器除用来通断大电流电路外，还具有欠电压和过电压保护功能。（　　）

2．接触器按线圈通过的电流种类不同，分为交流接触器和直流接触器两类。（　　）

3．交流接触器中发热的主要部件是铁芯。（　　）

4．交流接触器的线圈一般做成细而长的圆筒形，以增强铁芯的散热效果。（　　）

5．CJ10 系列交流接触器的触头一般采用双断点桥式触头，在触头上装有压力弹簧片，用以消除有害振动。（　　）

6．接触器触头的常开和常闭是指电磁系统未通电动作前触头的状态。（　　）

7．接触器的常开触头和常闭触头是同时动作的。（　　）

8．交流接触器的线圈电压过高或过低都会造成线圈过热而烧毁。（　　）

9．绝对不允许带灭弧罩的交流接触器不带灭弧罩或带破损的灭弧罩运行。（　　）

10．直流接触器的铁芯也会产生涡流和磁滞损耗而发热，所以也是用硅钢片叠压制成的。（　　）

11．直流接触器铁芯端面不需要嵌装短路环。（　　）

12．直流接触器的发热以铁芯发热为主。（　　）

13．为了使线圈散热良好，直流接触器常常将线圈做成长又薄的圆筒形。（　　）

14．在同样电气参数下，熄灭直流电弧比熄灭交流电弧要困难。（　　）

15．交流接触器在线圈电压小于 85%U_N 时也能正常工作。（　　）

16．运行中的交流接触器，其铁芯端面不允许涂油防锈。（　　）

17．直流接触器的线圈烧毁后，可用额定电压值相同的交流接触器的线圈代替。（　　）

三、选择题

1．交流接触器 E 形铁芯中柱端面留有 0.1~0.2 mm 的气隙是为了（　　）。

A．减小剩磁影响　　B．减小铁芯振动

C．利于散热

2．接触器的主触头一般由三对常开触头组成，用以通断（　　）。

A．电流较小的控制电路　　B．电流较大的主电路

C．控制电路和主电路

3．接触器的辅助触头一般由两对常开触头和两对常闭触头组成，用以通断（　　）。

A．电流较小的控制电路　　B．电流较大的主电路

C．控制电路和主电路

4．对于 CJ10–10 型交流接触器，一般采用（　　）灭弧。

A．栅片灭弧装置　　B．纵缝灭弧装置

C．双断口结构的电动力灭弧装置

5. 对于额定电流在 20 A 及以上的 CJ10 系列交流接触器，常采用（　　）灭弧。

A. 栅片灭弧装置　　B. 纵缝灭弧装置

C. 双断口结构的电动力灭弧装置

6. 对于容量较大的交流接触器，多采用（　　）灭弧。

A. 栅片灭弧装置　　B. 纵缝灭弧装置

C. 双断口结构的电动力灭弧装置

7. 直流接触器的磁路中常垫有非磁性垫片，其作用是（　　）。

A. 减小铁芯涡流　　B. 减小吸合时的电流

C. 减小剩磁影响

8. 接触器若使用在频繁启动、制动及正反转的场合，应将接触器主触头的额定电流降低（　　）使用。

A. 一个等级　　B. 两个等级　　C. 三个等级

9. 交流接触器一般应安装在垂直面上，倾斜度不得超过（　　）。

A. 15°　　B. 10°　　C. 5°

10. 如果交流接触器的衔铁吸合不紧，工作气隙较大，将导致（　　）。

A. 铁芯涡流增大　　B. 线圈电感增大

C. 线圈电流增大

四、问答题

1. 接触器有哪些优点？

2. 什么是电弧？它有哪些危害？

3．交流接触器的辅助部件中的三种弹簧元件分别是什么？功能上有什么区别？

4．与交流接触器相比，直流接触器的电磁系统有哪些特点？

5．对容量较大的直流接触器的线圈采用串联双绕组有什么好处？

6．某维修电工对接触器进行日常维护工作，完成了以下操作，他的操作是否正确？如有错误，指出错误之处。

首先拆下灭弧罩，观察螺钉有无松动现象，检查可动部分是否灵活，然后对触头进行仔细清扫，对触头表面因电灼作用形成的金属小颗粒进行清除，并涂上润滑油，以起到保护作用。操作完成后，先通电检查接触器功能是否正常，检查无误后，再安装好灭弧罩，整理现场，完成工作任务。

7．接触器安装前应做哪些检查？

8．引起接触器线圈过热或烧坏的可能原因有哪些？应如何处理？

9．接触器触头灼伤或熔焊的可能原因有哪些？

课题6　继　电　器

一、填空题

1．继电器是一种根据____信号的变化，来接通或分断____电流电路，实现自动控制和保护电力拖动装置的电器。

2．继电器主要由________机构、________机构和________机构三部分组成。

3．电磁式继电器按其在电路中的作用，可分为________继电器、________继电器和________继电器。

4．中间继电器又称________式继电器，其触头对数____，且没有__________之分，各对触头允许通过的电流大小相同，多数为____A。

5．中间继电器主要依据被控制电路的________、所需__________、______、______等要求来选择。

6．反映输入量为_______的继电器称为电流继电器。使用时，电流继电器的线圈______在被测电路中，当通过线圈的______达到预定值时，其触头动作。

7．为了降低串入电流继电器线圈后对原电路工作状态的影响，电流继电器线圈的匝数____，导线______，阻抗______。

8．电流继电器分为________继电器和________继电器两种。

9．欠电流继电器的吸引电流一般为线圈额定电流的__________倍，释放电流为额定电流的__________倍。

10．JT4系列为交流通用继电器，在这种继电器的电磁系统上装设不同的线圈，便可制成____________、___________、____________或____________等继电器。

11．反映输入量为______的继电器称为电压继电器。使用时，电压继电器的线圈______在被测量的电路中，根据线圈两端________的大小而接通或断开电路。

12．电压继电器分为________继电器、________继电器和__________继电器。

13．过电压继电器是当电压______其整定值时就动作的电压继电器，主要用于对电路或设备的__________保护。

14．当电压降至某一规定范围时就释放的电压继电器是________继电器。当电压降至接近消失时才释放的电压继电器是________继电器。

15．电压继电器主要根据继电器线圈的________、触头的________和______进行选用。

16．时间继电器自得到动作信号起至触头动作有一定的________，因此广泛用于需要按______顺序进行自动控制的电气线路中。

17．时间继电器的种类很多，常用的主要有________、________、________和__________等类型，目前在电力拖动控制线路中应用较多的是__________和__________时间继电器。

18．晶体管式时间继电器也称为________时间继电器或________时间继电器。按结构分为______和______两类；按延时方式分为__________、__________及带瞬动触点的通电延时型。

19．选用时间继电器时，应根据系统的________和________选择时间继电器的类型和系列。根据控制线路的要求选择时间继电器的______。根据控制线路电压选择时间继电器__________的电压。

20．热继电器是利用流过继电器的电流所产生的________而反时限动作的自动保护电器。所谓反时限动作，是指电器的延时动作时间随通过电路电流的增大而______。

21．热继电器主要与______配合使用，用作电动机的______保护、______保护、电流不平衡运行的保护及其他电气设备发热状态的控制。

22．热继电器的形式有多种，其中________式应用最多。

23．热继电器的复位方式有______复位和______复位两种。

24．双金属片热继电器主要由______、________、________、________和__________组成。

25．热继电器使用时，需要将______串联在主电路中，________串联在控制电路中。

26．热继电器的整定电流大小可通过旋转____________来调节。

27．选择热继电器时，主要根据所保护电动机的额定电流来确定热继电器的______和热元件的__________。

28．速度继电器是反映________和______的继电器，其主要作用是以______的快慢为指令信号，与接触器配合实现对电动机的________控制。

29．速度继电器的动作转速一般不低于______r/min，复位转速在______r/min以下。

30．速度继电器主要根据所需控制的______、________和______、______来选用。

31．压力继电器能根据__________的变化情况决定触头的断开或闭合，以便对机械设备提供某种保护或控制。它经常用于机械设备的______或______控制系统中。

32．固态继电器又称为________继电器，它是一种四端组件，其中两个为________，两个为________。

33．固态继电器按使用场合可以分成________和________两大类，它们分别在______或______电源上做负载的开关，不能混用。

34．固态继电器由____________、____________和__________三部分组成。

二、判断题

1．一般情况下，继电器不直接控制电流较大的主电路，而是通过控制接触器或其他电器的线圈，来达到对主电路的控制。（　　）

2．在电气控制线路中，可用中间继电器代替接触器来控制，所以中间继电器的触头上面需要装设灭弧装置。（　　）

3．JZ7–44 型中间继电器有 4 对常开触头、4 对常闭触头。（　　）

4．当电路中发生短路或过载故障时，过电流继电器的触头即动作。（　　）

5．在电路正常工作时，欠电流继电器的衔铁与铁芯始终是吸合的。（　　）

6．为了降低并入电压继电器线圈后对原电路工作状态的影响，电压继电器线圈的导线细、匝数多、阻抗大。（　　）

7．欠电压继电器和零电压继电器在线路正常工作时，铁芯和衔铁是不吸合的。（　　）

8．时间继电器金属底板上的接地螺钉必须与接地线可靠连接。（　　）

9．热继电器都带断相保护装置。（　　）

10．只要超过热继电器的整定电流，热继电器就会立即动作。（　　）

11．不管定子绕组接成星形还是接成三角形的电动机，普通两极或三极结构的热继电器均能实现断相保护。（　　）

12．熔断器和热继电器都是保护电器，两者可以相互代用。（　　）

13．带断相保护装置的热继电器只能对电动机作断相保护，不能作过载保护。（　　）

14．热继电器动作不准确时，可轻轻弯折热元件以调节动作值。（　　）

15．热继电器在使用中，若发现双金属片上有锈斑，应用清洁棉布蘸汽油轻轻擦除，或用砂纸打磨。（　　）

16．速度继电器也称为反接制动继电器。（　　）

17．压力继电器的调整非常方便，只要放松或拧紧调节螺母即可改变控制压力。（　　）

三、选择题

1．当其他电器的触头数或触点容量不够时，可借助（　　）作中间转换用，来控制多个元件或回路。

A．热继电器　　B．电压继电器

C．中间继电器　　D．电流继电器

2．当通过继电器的电流超过预定值时就动作的继电器称为（　　）。

A．欠电压继电器　　B．过电压继电器

C．过电流继电器　　　　　　　　　　D．欠电流继电器

3．过电流继电器的吸合电流为（　　）倍的额定电流。

A．1.1~4　　　B．0.9~1.2　　　C．0.3~0.65

4．当通过继电器的电流减小到低于其整定值时就动作的继电器称为（　　）。

A．欠电压继电器　　　　　　　　　　B．过电压继电器

C．过电流继电器　　　　　　　　　　D．欠电流继电器

5．零电压继电器是（　　）的一种特殊形式。

A．欠电压继电器　　　　　　　　　　B．过电压继电器

C．过电流继电器　　　　　　　　　　D．欠电流继电器

6．利用电磁原理或机械动作原理来实现触头延时闭合或分断的一种自动控制电器是（　　）。

A．电压继电器　　　　　　　　　　　B．时间继电器

C．电流继电器　　　　　　　　　　　D．速度继电器

7．无论是通电延时型还是断电延时型时间继电器，在安装时都必须使继电器在断电后，衔铁释放时的运动方向垂直向下，其倾斜度不得超过（　　）。

A．15°　　　B．10°　　　C．5°　　　D．2°

8．热继电器中主双金属片的弯曲主要是由于两种金属材料的（　　）不同。

A．机械强度　　　B．导电能力　　　C．热膨胀系数

9．一般情况下，热继电器中热元件的整定电流为电动机额定电流的（　　）倍。

A．4~7　　　B．0.95~1.05　　　C．1.5~2

10．如果热继电器出线端的连接导线过细，会导致热继电器（　　）。

A．提前动作　　　B．滞后动作　　　C．过热烧毁

四、填图题

写出以下符号所表示的时间继电器元件名称。

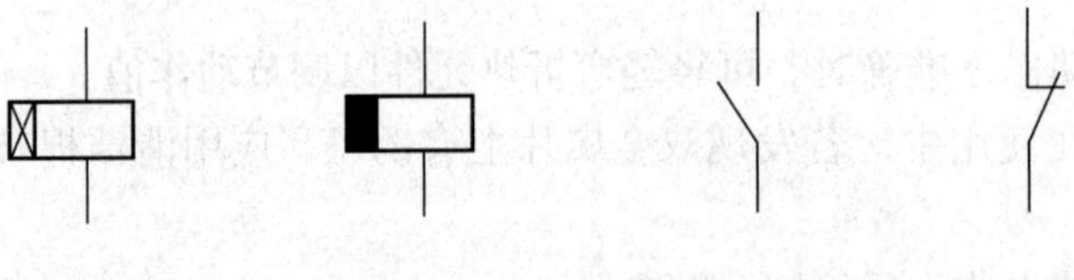

________　________　________　________

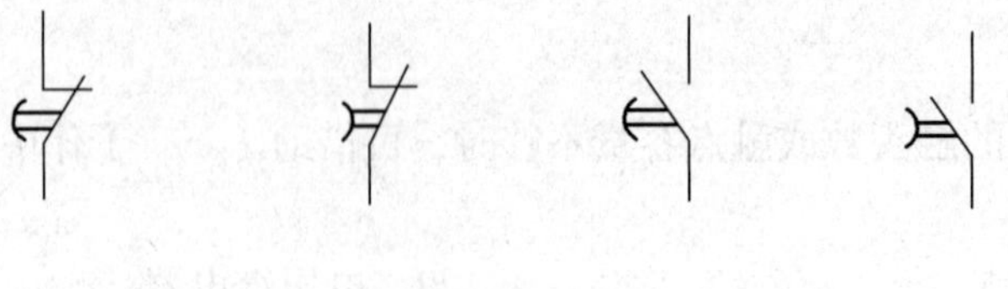

________　________　________　________

五、问答题

1．在运行中需频繁启动的某电动机额定电流为 40 A，如线路中需使用过电流继电器，应选择整定电流为多大的过电流继电器？

2．电流继电器安装完成后，应进行哪些检查操作？

3．晶体管式时间继电器有哪些优点？

4．热继电器是怎样实现过载保护的？

5．对于热继电器，操作频率过高可能会导致哪些故障？

6．如何将手动复位的热继电器调整为自动复位？

7．安装与使用速度继电器时应注意哪些问题？

8．画出速度继电器和压力继电器的符号。

六、计算题

某机床电动机的型号为Y112M-4，定子绕组为△接法，额定功率为4 kW，额定电流为8.8 A，额定电压为380 V，要对该电动机进行过载保护，热继电器的型号、规格应如何选择?

第二单元　电动机的基本控制线路及其安装、调试与维修

课题 1　三相笼型异步电动机的手动正转控制线路

一、填空题

1．在电气图中，________、________、信号通路及元器件、设备的引线均称为连接线。

2．绘制电气图时，连接线一般应采用________，无线电信号通路采用________，并且应尽量减少不必要的连接线，避免线条__________和__________。

3．在分析各种控制线路的工作原理时，常使用______________和______，再配以少量文字说明，来表达线路的工作原理。

4．安装布线时，在每根剥去绝缘层导线的两端应________________________。

二、选择题

1．对有直接电联系的交叉导线的连接点（　　）。

A．要画小黑圆点　B．不画小黑圆点　C．可画小黑圆点也可不画小黑圆点

2．下列图纸中，不能表达各元器件连接关系的是（　　）。

A．电路图　　　　B．位置图　　　　C．接线图

3．用兆欧表检查线路的绝缘电阻的阻值，应不小于（　　）MΩ。

A．1　　　　　　B．5　　　　　　C．10

三、问答题

1．画出用组合开关控制的手动正转控制线路原理图，并简述工作原理。

2. 安装电动机和控制板有哪些注意事项？

3. 对接地线的连接有哪些要求？其目的是什么？

4. 对于手动正转控制线路，电动机不能启动或缺相的故障原因可能是什么？应如何维修？

课题 2　三相笼型异步电动机的点动正转控制线路

一、填空题

1．手动正转控制线路的优点是所用__________少，线路______，但缺点是______________大，安全性差，且不便于实现__________控制和________控制。

2．点动正转控制线路是用______、__________来控制电动机运转的最简单的正转控制线路。

3．描述生产机械电气控制线路的电气图主要有__________、________和________。

4．电路图一般分__________、__________和__________三部分绘制。

5．电路图中的电源电路一般画成________线，三相交流电源相序 L1、L2、L3 自______而______依次排列画出，中线 N 和保护地线 PE 依次画在______之下。直流电源的“+”端在______，“−”端在______画出。电源开关要________画出。

6．主电路是指________的动力装置及控制、保护电器的支路等，是电源向负载提供________的电路。

7．主电路在图纸上______于电源电路绘于电路图的______侧。

8．辅助电路一般包括控制主电路工作状态的______________、显示主电路工作状态的____________、提供机床设备局部照明的____________等。

9．辅助电路一般由__________的触头、接触器的__________和____________、继电器的________和______、仪表、指示灯和照明灯等组成。通常辅助电路通过的电流较____，一般不超过______A。

10．画电路图时辅助电路要跨接在______相电源之间，用细实线依次垂直画在主电路的______，并且耗能元件要画在电路图的______，电器的触头要画在耗能元件与上边电源线之间。

11．电路图中，电器元件不画实际的外形图，而是采用国家统一规定的__________表示。

12．电路图采用电路编号法，即对电路中的各个接点用________或________编号。

13．在实际工作中，________、__________和__________要结合起来使用。

14．在控制板上断路器、熔断器的受电端子应安装在控制板的____侧，并使熔断器的受电端为底座的__________。

15．在进行电气控制线路安装时，主电路导线的截面要根据电动机容量进行选配；控制电路导线一般采用截面为____mm^2 的铜芯线；按钮线一般采用截面为________mm^2 的铜芯线；接地线一般采用截面不小于________mm^2 的铜芯线。

16．为保证人身安全，在通电试车时，要认真执行安全操作规程的有关规定，一人______，一人______。

17．通电试车完毕，停转切断电源后，应先拆除________线，再拆除________线。

18．电动机及按钮的金属外壳必须可靠________。

19. 电源进线应接在螺旋式熔断器的____接线座上，出线则应接在____接线座上。

二、判断题

1. 所谓点动控制是指按一下按钮就可以使电动机启动并连续运转的控制方法。（　　）

2. 流过主电路和辅助电路中的电流相等。（　　）

3. 电路图中，一般主电路垂直画出时，辅助电路要水平画出。（　　）

4. 画电路图、布置图、接线图时，同一电器的各元件都要按它们的实际位置画在一起。（　　）

5. 画电路图时，由于同一电器的各元件是按其在线路中所起的作用分画在不同的电路中，所以必须标注同一文字符号，以表示它们的动作是相互关联的。（　　）

6. 电路图中，各电器的触头位置都按电路未通电或电器未受外力作用时的常态位置画出。（　　）

7. 布置图中各电器的文字符号，必须与电路图和接线图的标注相一致。（　　）

8. 安装控制线路时，对导线的颜色没有具体要求。（　　）

9. 按元件明细表选配的电器元件可直接安装，不用检验。（　　）

三、选择题

1. 同一电器的各元件在电路图和接线图中使用的图形符号、文字符号要（　　）。

A. 基本相同　　B. 不同　　C. 完全相同

2. 主电路的编号在电源开关的出线端按相序依次为（　　）。

A. U、V、W　　B. L1、L2、L3

C. U11、V11、W11

3. 单台三相交流电动机（或设备）的三根引出线，按相序依次编号为（　　）。

A. U、V、W　　B. L1、L2、L3

C. U11、V11、W11

4. 辅助电路编号按“等电位”原则，按从上至下、从左至右的顺序用（　　）依次编号。

A. 数字　　B. 字母　　C. 数字或字母

5. 控制电路编号的起始数字是（　　）。

A. 1　　B. 100　　C. 200

四、问答题

1. 什么是点动控制？分析判断图 2–1 所示控制电路中能否实现点动控制，若不能，电路将会出现什么现象？

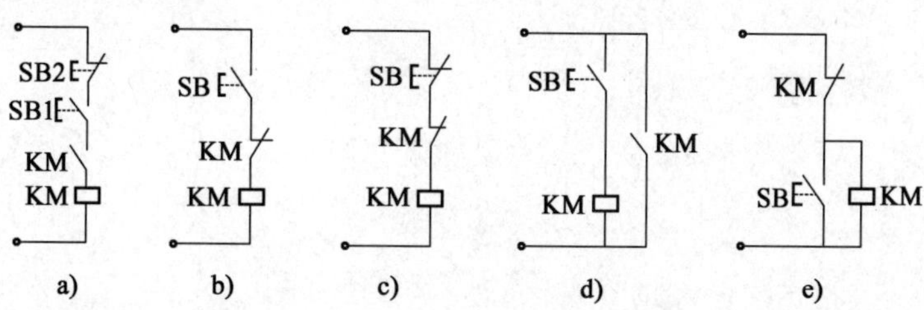

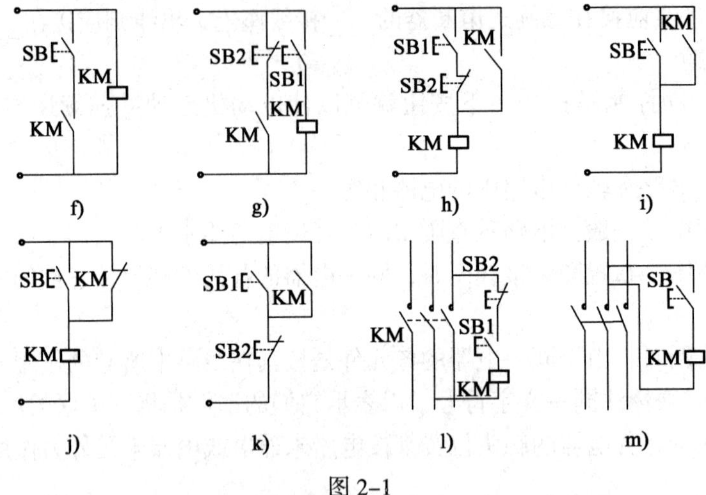

SB
KM
KM
f)
SB2
SB1
KM
KM
g)
SB1
KM
SB2
KM
h)
KM
SB
KM
i)
SB
KM
KM
j)
SB1
KM
SB2
k)
SB2
KM
SB1
KM
l)
SB
KM
m)

图 2-1

2．电路图、布置图和接线图在功能上有什么区别？能否相互替代？为什么？

3．简述电动机基本控制线路的一般安装步骤。

4. 以下关于板前明线布线的工艺要求存在多处错误，请逐一指出并更正过来。

（1）布线通道要尽可能少，同路并行导线集中在一起，单层密排，紧贴安装面布线。

（2）同一平面的导线应高低一致或前后一致，不能交叉。非交叉不可时，该根导线应在接线端子引出时，水平架空跨越，但必须走线合理。

（3）布线应横平竖直，分布均匀。需要变换走向时应沿最短路径布线，以节省线材。

（4）布线时严禁损伤线芯和导线绝缘。

（5）布线顺序一般以开关为中心，由里向外，由低至高，按先主电路、后控制电路的顺序进行，以不妨碍后续布线为原则。

（6）在每根剥去绝缘层导线的正中套上编码套管。所有从一个接线端子（或接线桩）到另一个接线端子（或接线桩）的导线必须连续，中间无接头。

（7）导线与接线端子或接线桩连接时，不得压绝缘层、不反圈及不露铜过长。

（8）同一元件、同一回路的不同接点的导线间距离应保持一致。

（9）一个电器元件接线端子上的连接导线不得多于三根，每节接线端子板上的连接导线一般不得多于两根。

课题 3 三相笼型异步电动机的自锁正转控制线路

一、判断题

1．接触器自锁控制线路具有失压和欠压保护功能。 （ ）

2．由于热继电器在电动机控制线路中兼有短路和过载保护，故不需要再接入熔断器作短路保护。 （ ）

3．在三相异步电动机控制线路中，熔断器只能用作短路保护。 （ ）

4．要使电动机获得点动调整工作状态，控制电路中的自锁回路必须断开。（ ）

5．图 2–2 所示为具有过载保护的接触器自锁正转控制线路，当电动机过载或短路时，KH 的常闭触头断开，使 KM 的线圈失电，KM 主触头断开，电动机 M 停转。 （ ）

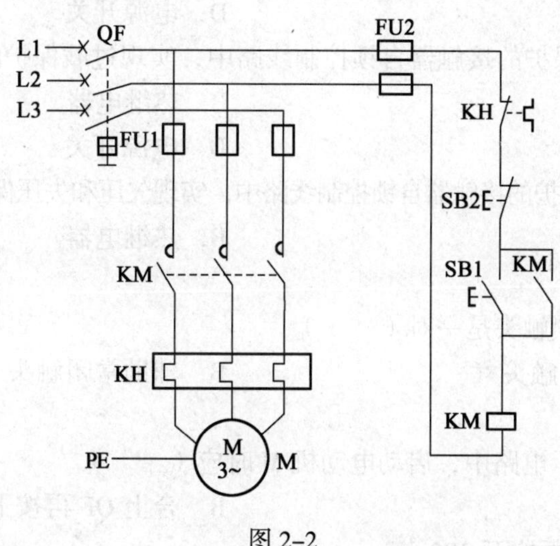

图 2–2

6．图 2–3a 中，SA 打开时，按下 SB1，KM 线圈得电，KM 自锁触头断开，所以电动机 M 是点动控制的。 （ ）

7．图 2–3b 中，按下 SB1，电动机 M 可以获得点动控制；按下 SB3，电动机 M 可以获得连续控制。 （ ）

8．根据电路图、布置图、接线图安装完毕的控制线路，不用自检交验，可以直接通电试车。 （ ）

9．接触器自锁控制线路不但能使电动机连续运转，而且还具有欠压和失压（或零压）保护作用。 （ ）

10．由于热继电器和熔断器在三相异步电动机控制线路中所起的作用不同，所以不能相互代替使用。 （ ）

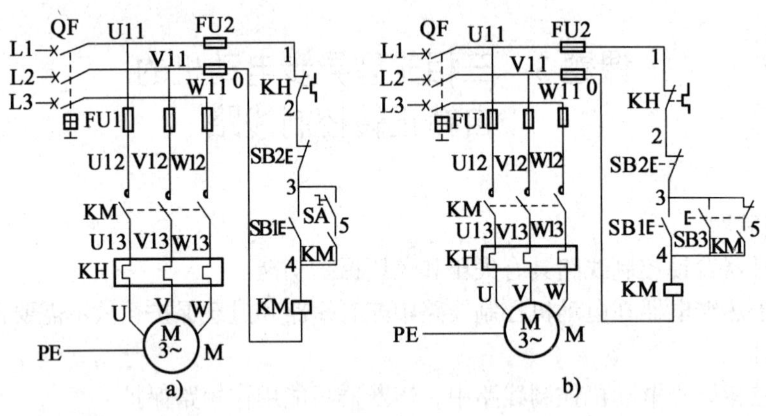

图 2–3

二、选择题

1．在具有过载保护的接触器自锁控制线路中，实现短路保护的电器是（　　）。

A．熔断器　　B．热继电器

C．接触器　　D．电源开关

2．在具有过载保护的接触器自锁控制线路中，实现过载保护的电器是（　　）。

A．熔断器　　B．热继电器

C．接触器　　D．电源开关

3．在具有过载保护的接触器自锁控制线路中，实现欠压和失压保护的电器是（　　）。

A．熔断器　　B．热继电器

C．接触器

4．接触器的自锁触头是一对（　　）。

A．辅助常开触头　　B．辅助常闭触头

C．主触头

5．在图 2–2 所示电路中，启动电动机 M 时应（　　）。

A．合上 QF　　B．合上 QF 再按下 SB1

C．合上 QF 再按下 SB2

6．在图 2–4 所示控制电路中，能实现正常的启动和停止的是图（　　）。

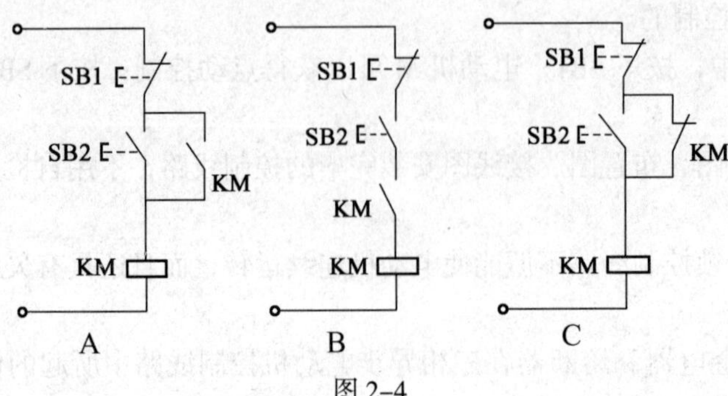

图 2–4

7．在图 2–5 所示控制电路中，正常操作后会出现短路现象的是图（　　）。

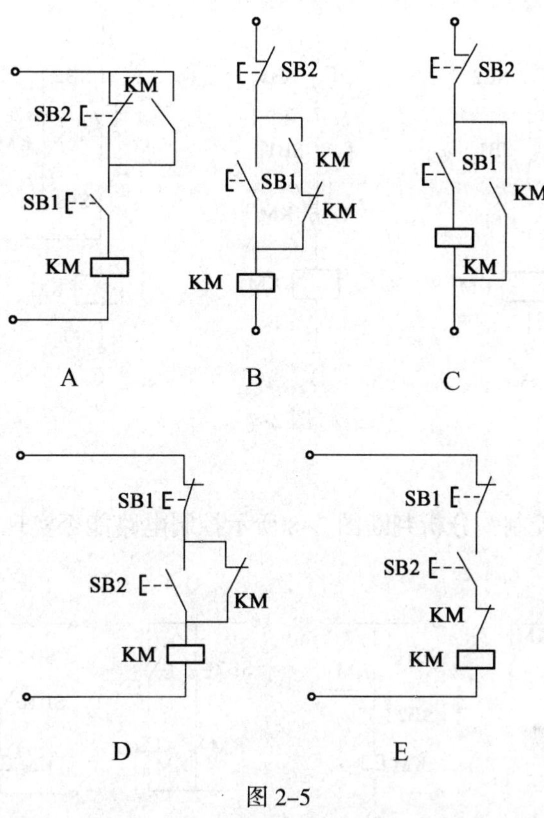

图 2–5

8．在图 2–6 所示控制电路中，正常操作时会出现点动工作状态的是图（　　）。

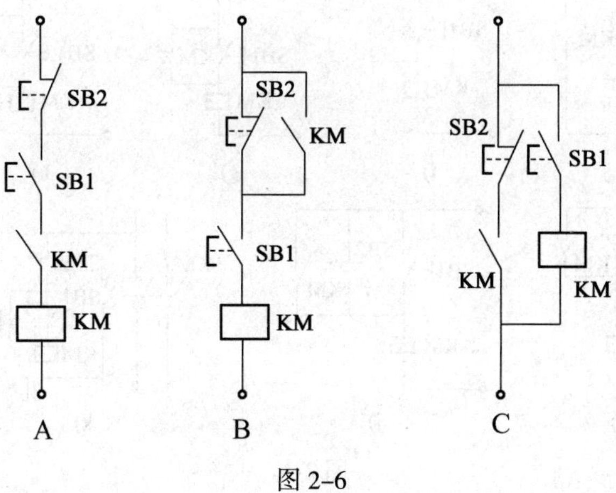

图 2–6

9．在图 2–7 所示控制电路中，正常操作时 KM 无法得电动作的是图（　　）。

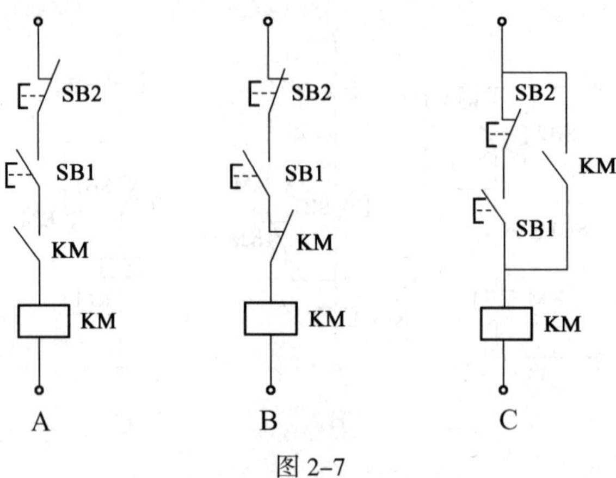

图 2–7

三、问答题

1．什么是自锁控制？分析判断图 2–8 所示控制电路能否实现自锁控制，若不能，指出其原因。

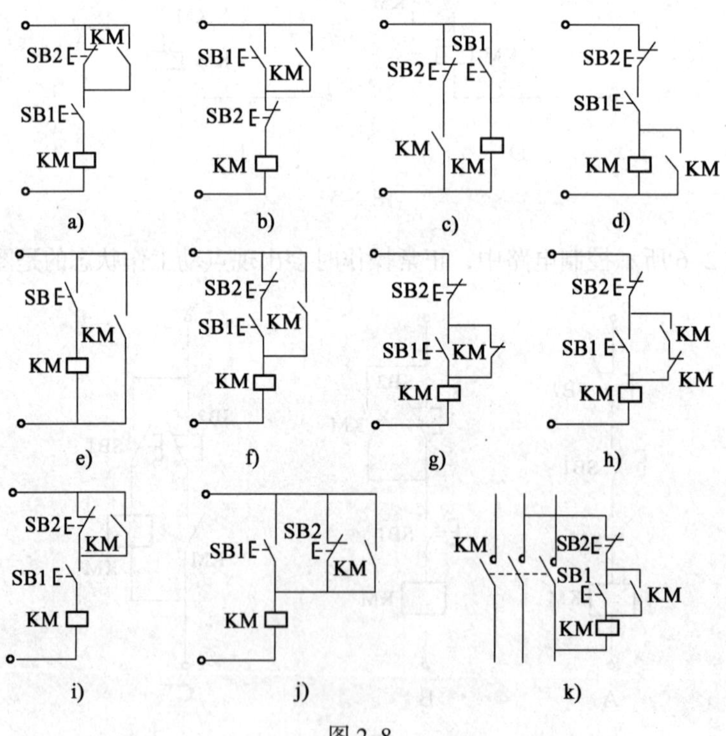

图 2–8

2．失压保护和欠压保护各具有什么含义？接触器自锁控制线路是如何实现失压保护的？

3．电动机过载存在哪些危害？通常使用什么元器件实现过载保护？可否使用熔断器？为什么？

4．分析图 2–9 所示控制线路能否满足以下控制要求和保护要求：

（1）能实现单向启动和停止。

（2）具有短路、过载、欠压和失压保护。若线路不能满足以上要求，加以改正，并说明改正的原因。

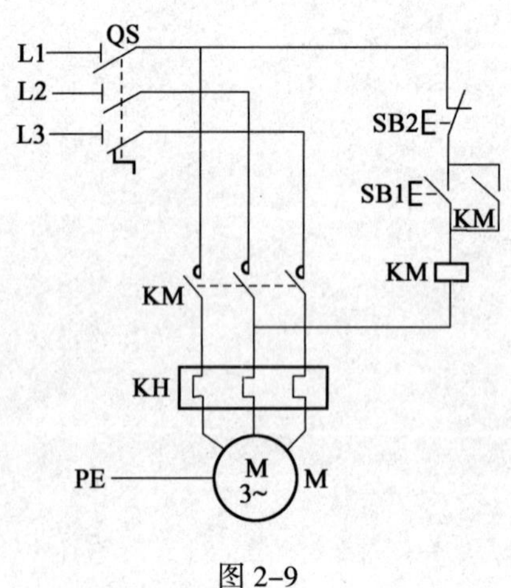

图 2–9

四、画图题

某生产机械要求能实现电动机的连续控制，且有短路、过载、失压和欠压保护作用。画出电气控制线路的电路图。

五、实训题

在教师指导下，在已安装合格的具有过载保护的接触器自锁控制线路板上人为设置自然电气故障，通电运行并观察故障现象，将故障现象记入表 2–1 中。

表 2–1

故障设置元件	故障点	故障现象
SB1	触头接触不良	
SB2	触头不能分断	
KM	线圈接头脱落	
KM	自锁触头接触不良	
KM	一相主触头接触不良	
KH	整定值调得太小	
KH	常闭触头接触不良	

课题 4　三相笼型异步电动机的连续与点动混合正转控制线路

一、填空题

1．用试验法观察故障现象，可以初步判定故障________。

2．测量法利用________和________对线路进行带电或断电测量，是查找故障点的有效方法。

3．用测量法查找并确定故障点常用________测量法和________测量法。

4．用电压测量法测量检查时，应把万用表的转换开关置于______________的挡位上；用电阻测量法测量检查时，应把万用表的转换开关置于______________________的挡位上。

二、判断题

1．采用电压测量法和电阻测量法都要在线路断电的情况下进行测量。　（　　）

2．采用电压测量法要在线路通电的情况下进行测量。　（　　）

3．采用电阻测量法要在线路断电的情况下进行测量。　（　　）

4．采用逻辑分析法能准确快速地确定故障点。　（　　）

5．在实际工作中，只要观察到同一种故障现象，则说明发生故障的部位一定相同。　（　　）

三、选择题

1．在图 2–10 所示控制电路中，能实现点动和连续工作的是图（　　）。

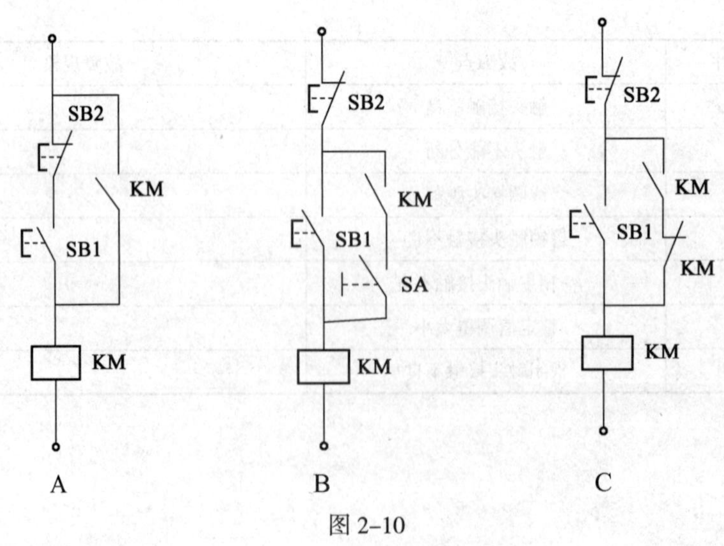

图 2–10

2．在连续与点动混合正转控制线路中，点动控制按钮的常闭触头应与接触器自锁触头（　　）。

A．串接　　　　B．并接　　　　C．串接或并接

四、问答题

1．试验法、逻辑分析法、测量法分别适用于故障检修的哪个环节？

2．电压测量法和电阻测量法在使用方法上有哪些区别？

五、实训题

如图 2–11 所示连续与点动混合正转控制线路，接通电源后，发现按下按钮 SB1 后，电动机 M 点动。分析故障原因，确定可能的故障范围，并简述检查流程。

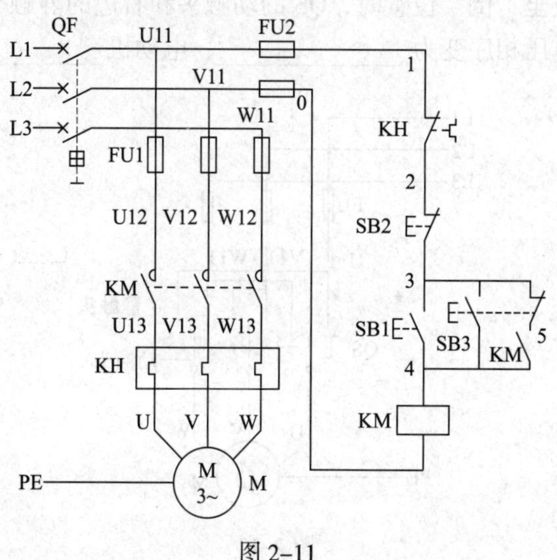

图 2–11

课题 5　三相笼型异步电动机的正反转控制线路

一、填空题

1．生产机械运动部件在正、反两个方向运动时，一般要求电动机能实现________控制。

2．要使三相异步电动机反转，就必须改变通入电动机定子绕组的___________，即把接入电动机三相电源进线中的任意______相对调接线即可。

3．万能铣床主轴电动机的正反转控制是采用___________来实现的。

4．图 2–12 所示为倒顺开关正反转控制线路。当倒顺开关 QS 手柄处于“停”位置时，QS 的动、静触头________，电动机不转；当手柄扳至“顺”位置时，QS 的动触头和左边的静触头相接触，输入电动机定子绕组的电源电压相序为________，电动机______；当手柄扳至“倒”位置时，QS 的动触头和右边的静触头相接触，输入电动机定子绕组的电源电压相序变为_____________，电动机________。

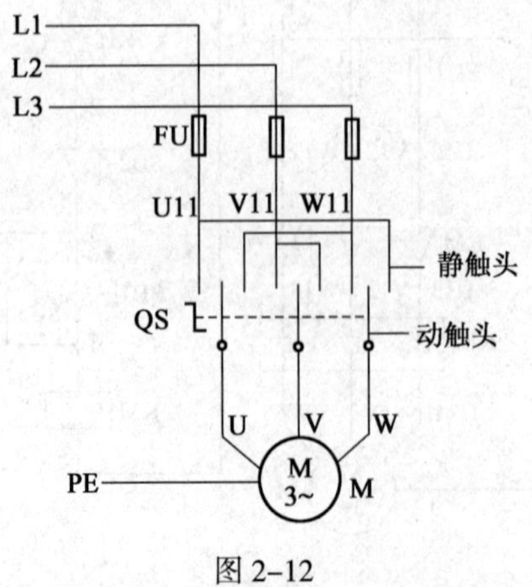

图 2–12

5．倒顺开关正反转控制线路所用电器较____，线路比较______，但在频繁换向时，操作人员________大，操作________差，所以这种线路一般用于控制额定电流____A、功率在____kW 及以下的小容量电动机。

6．倒顺开关接线时，应将开关两侧进线中的______相互换，并保证标记为 L1、L2、L3 接______，标记为 U、V、W 接________。

二、判断题

1．倒顺开关进出线接错的后果是易造成两相电源短路。（ ）

2．用倒顺开关控制电动机的正反转时，可以直接把手柄由“顺”扳至“倒”的位置，使电动机反转。（ ）

3．在接触器联锁正反转控制线路中，正、反转接触器的主触头有时可以同时闭合。（ ）

4．为了保证三相异步电动机实现反转，正、反转接触器的主触头必须按相同的相序并接后串接在主电路中。（ ）

5．接触器联锁正反转控制线路的优点是工作安全可靠，操作方便。（ ）

6．按钮、接触器双重联锁正反转控制线路的优点是工作安全可靠、操作方便。（ ）

7．在接触器联锁正反转控制线路中，若正转接触器和反转接触器同时通电，会发生两相电源短路事故。（ ）

8．在按钮、接触器双重联锁正反转控制线路中，双重联锁是由复合按钮的常开触头和接触器的辅助常开触头实现的。（ ）

三、选择题

1．在接触器联锁正反转控制线路中，为避免两相电源短路事故，必须在正、反转控制电路中分别串接（ ）。

A．联锁触头 B．自锁触头 C．主触头

2．在接触器联锁正反转控制线路中，其联锁触头应是对方接触器的（ ）。

A．主触头 B．辅助常开触头

C．辅助常闭触头

3．倒顺开关在使用时，必须将接地线接到倒顺开关（ ）。

A．指定的接地螺钉上 B．罩壳上

C．手柄上

4．在操作接触器联锁正反转控制线路时，要使电动机从正转变为反转，正确的操作方法是（ ）。

A．可直接按下反转启动按钮

B．可直接按下正转启动按钮

C．必须先按下停止按钮，再按下反转启动按钮

5．在操作按钮、接触器双重联锁正反转控制线路时，要使电动机从正转变为反转，正确的操作方法是（ ）。

A．可直接按下反转启动按钮

B．可直接按下正转启动按钮

C．必须先按下停止按钮，再按下反转启动按钮

四、问答题

1．在接触器联锁正反转控制线路中，两个接触器主触头怎样接线才能实现电动机正反转控制？两个接触器能否同时得电闭合？为什么？

2．按钮和接触器双重联锁正反转控制线路有哪些优点？画出点动的双重联锁正反转控制线路的电路图，并叙述线路的工作原理。

3．图 2–13 所示为电动机双重联锁正反转控制线路的主电路，补画出控制电路，并指出自锁触头和联锁触头。

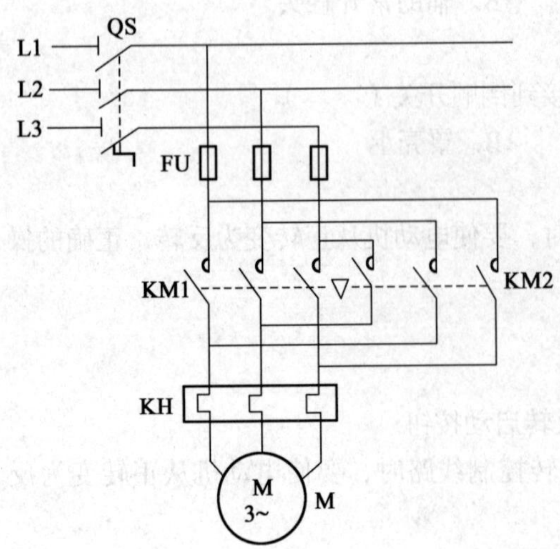

图 2–13

五、实训题

如图 2–14 所示正反转控制线路，接通电源后，发现按下按钮 SB1，电动机正向转动，接触器线圈吸合。按下按钮 SB2，电动机反向不转动，接触器不吸合。分析故障原因，确定可能的故障范围，并简述检查流程。

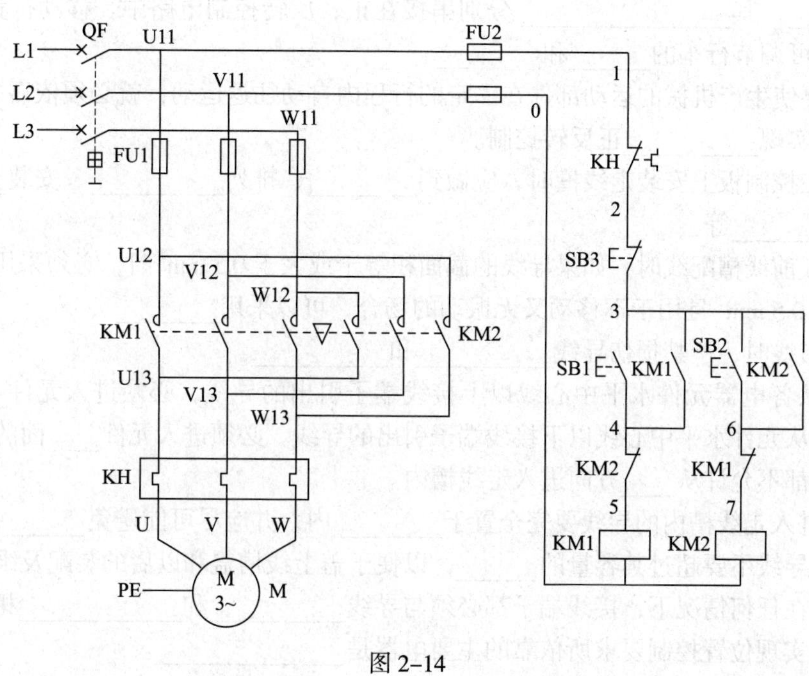

图 2–14

课题 6　三相笼型异步电动机的位置控制与自动往返控制线路

一、填空题

1．在生产过程中，若要限制生产机械运动部件的行程、位置或使其运动部件在一定的范围内自动往返循环时，应在需要的位置安装________。

2. 位置控制又称________或_______，是利用生产机械运动部件上的____与________碰撞，使其______动作，来_______或______电路，以实现对生产机械运动部件的位置或行程的自动控制。

3. 工厂车间里的行车常采用_______控制线路，行车的两头终点处各安装一个_________，其______________分别串接在正、反转控制电路中。移动行程开关的安装位置可调节行车的_____和_______。

4. 要使生产机械的运动部件在一定的行程内自动往返运动，就必须依靠________对电动机实现_________正反转控制。

5. 在控制板上安装走线槽时，应做到_______、排列_________、安装________和便于_______等。

6. 板前线槽配线时，如果导线的截面积等于或大于 0.5 mm² 时，必须采用______；如果小于 0.5 mm² 且用于不移动又无振动的场合，可以采用________。

7. 布线时，严禁损伤导线_________和_________。

8. 从各电器元件水平中心线以上接线端子引出的导线，必须进入元件____面的走线槽；从元件水平中心线以下接线端子引出的导线，必须进入元件____面的走线槽。任何导线都不允许从____方向进入走线槽内。

9. 进入走线槽内的导线要完全置于_______内，并应尽可能避免______，装入走线槽内的导线不要超过其容量的______，以便于盖上线槽盖和以后的装配及维修。

10. 在任何情况下，接线端子都必须与导线_________和___________相适应。

11. 实现位置控制要求所依靠的主要电器是_____________。

二、判断题

根据图 2–15 判断正误。

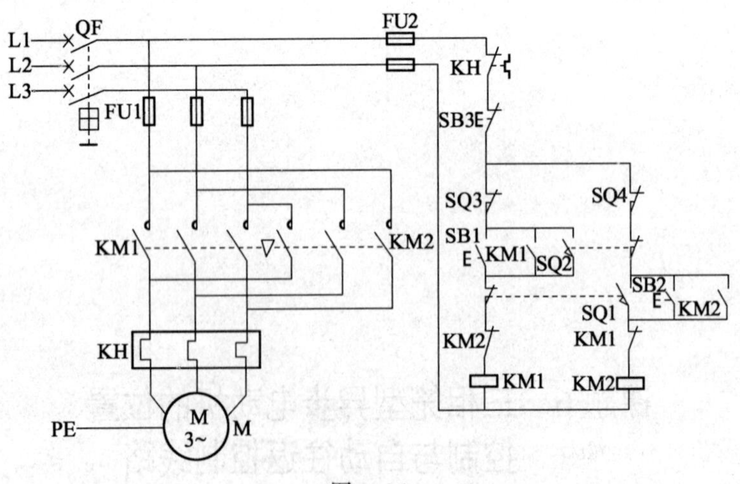

图 2–15

1. 该控制线路是具有双重联锁的自动可逆运转的控制线路。（　　）

2. 若同时按下 SB1、SB2，电路会出现短路现象。（　　）

3. 接触器 KM2 得电，电动机 M 反转工作时，若很轻地按一下 SB1，电动机 M 将

停转。 (　　)

4．控制电动机自动逆转的电器是 SQ1、SQ2。 (　　)

5．电器 SQ3、SQ4 主要用来作终端超程保护。 (　　)

6．该控制线路能实现自动可逆运转，按钮 SB1、SB2 是多余的。 (　　)

三、问答题

分析图 2–16 所示控制线路，回答下列问题。

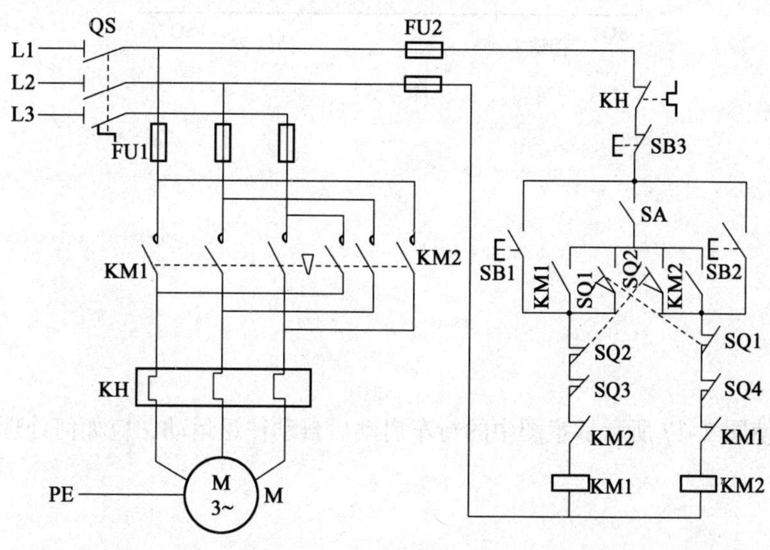

图 2–16

1．该线路能实现几种控制方式？

2．线路中有什么保护？各由什么电器实现？

3．说明 SA、SQ1 的作用。

四、画图题

1．某工厂车间需用一行车，要求按图 2–17 示意图运动。画出满足要求的电路图后，叙述线路的工作原理。

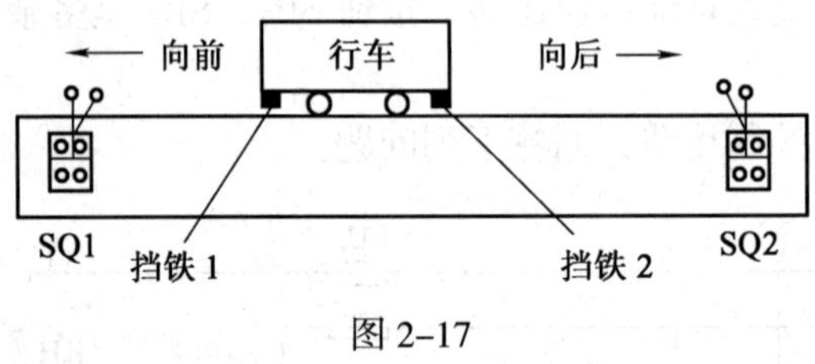

图 2–17

2．若使图 2–17 所示示意图中的行车启动后自动往返运动，应如何处理？

3．图 2–18 所示为工作台自动往返行程控制线路的主电路。补画出控制电路，并叙述线路的工作原理。

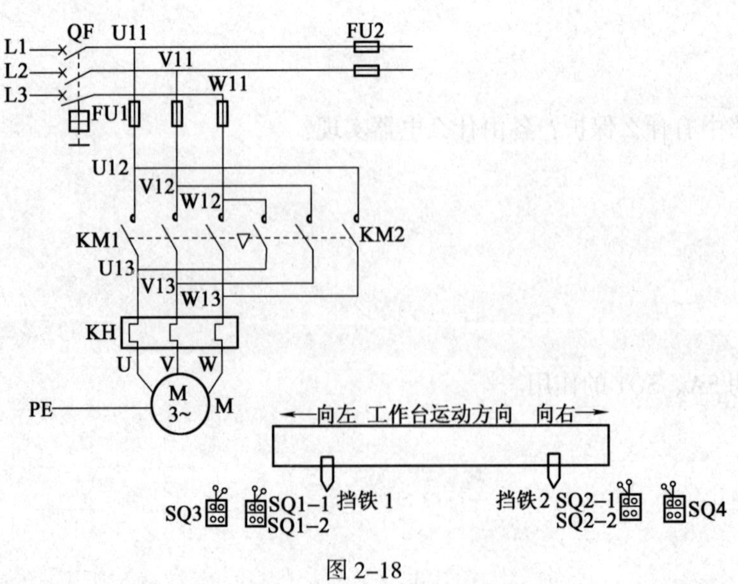

图 2–18

五、实训题

1. 在教师指导下，在安装合格的工作台自动往返控制线路板上，根据表 2–2 人为设置电气自然故障点，通电并观察故障现象，把故障现象填入表中。

表 2–2

故障设置元件	故障点	故障现象
SQ1	常闭触头接触不良	
SQ2	常开触头接触不良	
KM1	自锁触头接触不良	
KM2	联锁触头接触不良	

2. 在图 2–17 所示运动对应电路中，若接通电源后，发现行车向前行驶，碰到 SQ1 开关后停下来，按下反向启动按钮后，行车没有启动向后行驶。分析故障原因，确定可能的故障范围，并简述检查流程。

课题 7　三相笼型异步电动机的顺序控制线路

一、填空题

1. 要求几台电动机的启动或停止，必须按一定的__________来完成的控制方式，称为电动机的顺序控制。三相异步电动机可在________或__________实现顺序控制。

2. 主电路实现电动机顺序控制的特点是：后启动电动机的主电路必须接在先启动

电动机接触器__________的下方。

3．控制电路实现电动机顺序控制的特点是：后启动电动机的控制电路必须________在先启动电动机接触器的自锁触头之后，并与其接触器线圈________；或者在后启动电动机的控制电路中，串接先启动电动机接触器的__________________。

二、问答题

分析并叙述教材图 2–32b、c 所示控制线路的工作原理。

三、画图题

画出两台电动机 M1 与 M2 顺序启动、逆序停止的电气控制线路，并叙述其工作原理。

四、实训题

如图 2–19 所示顺序控制线路，接通电源后，发现 M1 启动后 M2 不能启动。分析故障原因，确定可能的故障范围，并简述检查流程。

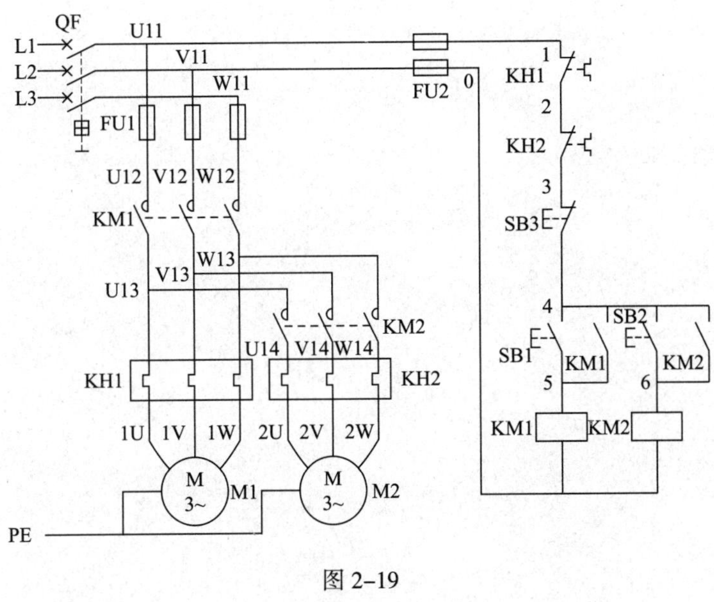

图 2–19

课题 8　三相笼型异步电动机的多地控制线路

一、填空题

1. 能在________或________控制同一台电动机的控制方式称为电动机的多地控制。

2．多地控制线路的接线特点是：各地的启动按钮要______，停止按钮要______。

二、画图题

画出能在三地控制同一台电动机正转点动控制电路图。

课题9　三相笼型异步电动机的自耦变压器降压启动控制线路

一、填空题

1．启动时加在电动机定子绕组上的电压为电动机的________，称为全压启动，也称直接启动。

2．通常规定电源容量在______kV·A以上，电动机容量在____kW以下的三相异步电动机可采用直接启动。

3．判断一台电动机能否直接启动的经验公式是：__________________________。

4．三相异步电动机直接启动时的启动电流一般为额定电流的________倍，它会造成电源输出电压的大幅度________。

5．降压启动是指利用启动设备将______适当降低后，加到电动机的定子绕组上进行启动，待电动机启动运转后，再使其______恢复到______________正常运转。降压启动的目的是______________。

6．常见的降压启动方法有________________________、____________________、________________、延边三角形降压启动和软启动器启动等几种。

7．定子绕组串接电阻降压启动是在电动机启动时，把电阻串接在电动机________与______之间，通过电阻的分压作用来降低定子绕组上的启动电压。待电动机启动后，再将电阻____，使电动机在__________下正常运行。

8．自耦变压器降压启动是指在电动机启动时，利用＿＿＿＿来降低加在电动机定子绕组上的启动电压。待电动机启动后，再使电动机与＿＿＿＿脱离，从而在＿＿＿＿下正常运行。

9．利用自耦变压器来进行降压的启动装置称为＿＿＿＿，其产品有＿＿＿＿和＿＿＿＿两种。

10. QJD3 系列油浸式手动自耦减压启动器主要由薄钢板制成的防护式＿＿＿＿、＿＿＿＿、＿＿＿＿、＿＿＿＿及＿＿＿＿共五个部分组成，具有＿＿＿＿和＿＿＿＿保护功能。

11．XJ01 系列自耦减压启动箱由＿＿＿＿、＿＿＿＿、＿＿＿＿、＿＿＿＿、时间继电器和按钮等电器元件组成。

12．常用的手动自耦减压启动器有＿＿＿＿系列油浸式和＿＿＿＿系列空气式两种，而 XJ01 系列自耦减压启动箱是＿＿＿＿控制设备。

二、判断题

1．由于直接启动所用电气设备少，线路简单，维修量较小，故电动机一般都采用直接启动。 （ ）

2．由于降压启动将导致电动机的启动转矩大为降低，故降压启动需要在空载或轻载下启动。 （ ）

3．在安装定子绕组串接电阻降压启动控制线路时，电阻器产生的热量对其他电器无任何影响，故安装在箱体内或箱体外时，不需采用任何防护措施。 （ ）

4．在图 2–20 所示线路中，电动机作全压运转时，只有 KM2 得电。 （ ）

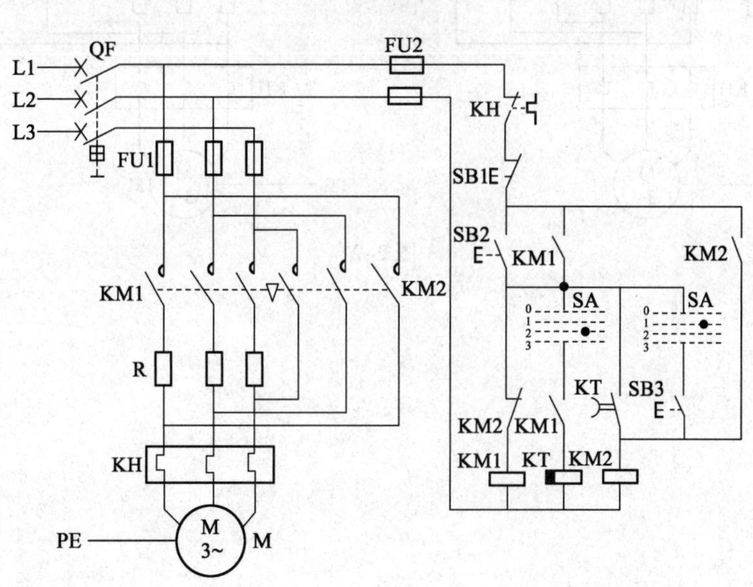

图 2–20

5．图 2–20 所示线路中，要手动操作电动机串电阻降压启动，将 SA 的手柄置于图中“1”位置后，按下 SB3，KM2 得电即可。 （ ）

三、选择题

1．电动机直接启动时的启动电流较大，一般为额定电流的（　　）倍。

A．1~3　　B．2~4　　C．4~7

2．QJD3 系列油浸式手动自耦减压启动器适用于一般工业用交流 50 Hz 或 60 Hz、电压 380 V、功率为（　　）kW 的三相笼型异步电动机，做不频繁降压启动和停止用。

A．10~30　　B．10~75

C．14~300

3．XJ01 系列自耦减压启动箱广泛用于交流为 50 Hz、电压为 380 V、功率为（　　）kW 的三相笼型异步电动机的降压启动。

A．10~30　　B．10~75

C．14~300

四、问答题

1．图 2–21 所示为定子绕组串接电阻降压启动的两个主电路，比较分析两个主电路的接线有何不同？在启动和工作过程中有何区别？

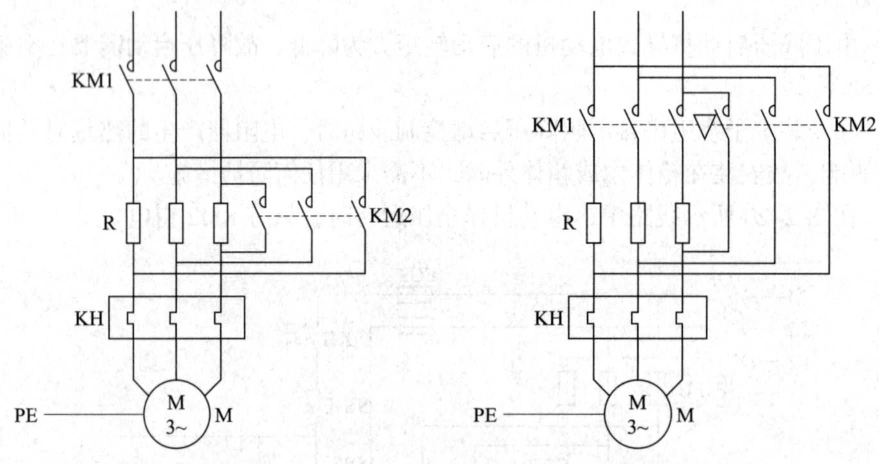

图 2–21

2. 分析叙述图 2–22 所示控制线路的工作原理，并说明该线路有哪些优点。

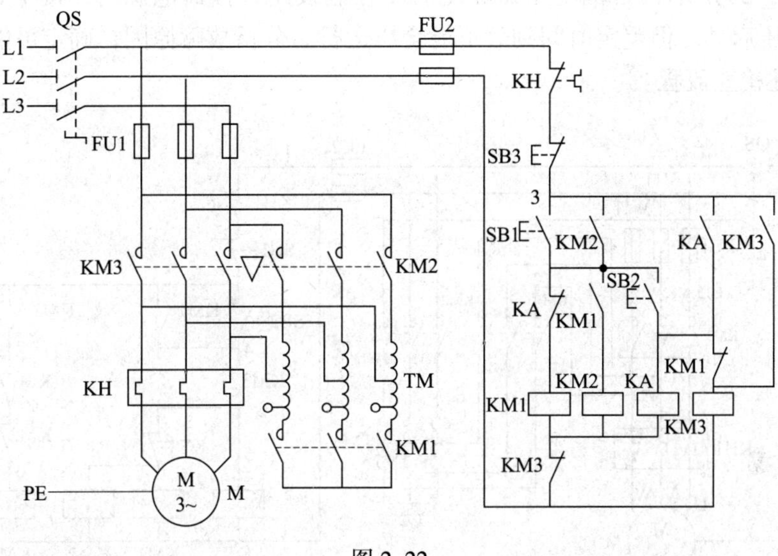

图 2–22

五、实训题

如图 2-23 所示为自耦变压器降压启动控制线路，接通电源后，按下 SB2，电动机 M 能降压启动，但整定时间到后不能全压运行。分析故障原因，确定可能的故障范围，并简述检查流程。

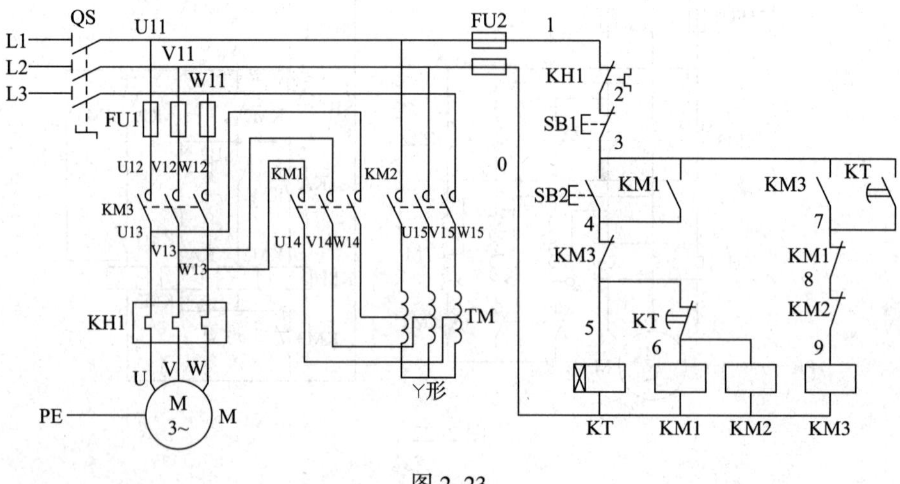

图 2-23

课题 10 三相笼型异步电动机的Y-△降压启动控制线路

一、填空题

1. Y-△降压启动是指电动机启动时，把定子绕组接成______形降压启动；待电动机转速上升并接近额定值时，再将电动机定子绕组改接成________形全压正常运行。

2. 异步电动机作Y-△降压启动时，每相定子绕组上的启动电压是正常工作电压的______倍，启动电流是正常工作电流的______倍，启动转矩是正常工作转矩的________倍。

二、判断题

1. 凡是在正常运行时定子绕组作△形连接的异步电动机，均可采用Y-△降压启动。（　　）

2. 采用Y-△降压启动的电动机需要有 6 个出线端。（　　）

3. 在图 2–24 所示线路中，先按下 SB3 时，电动机将作△形接法直接启动。（　　）

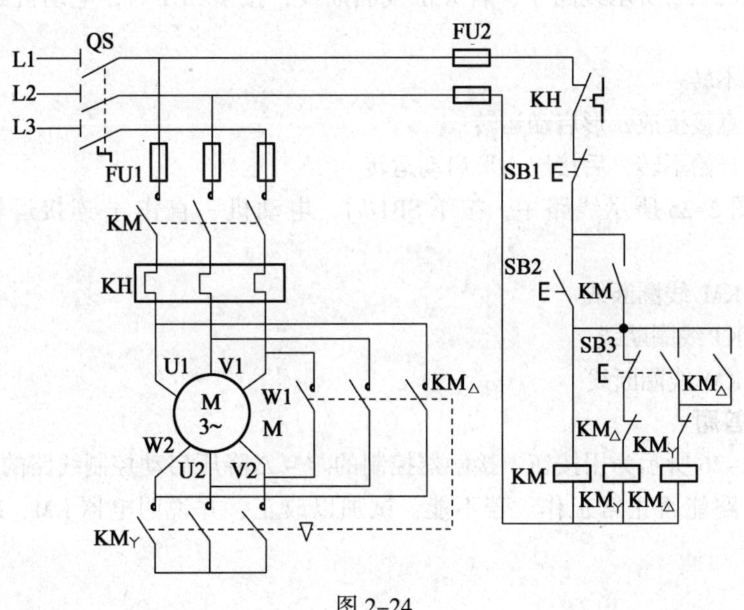

图 2–24

4. 降压启动有几种方法，其中Y-△降压启动可适用于任何电动机。（　　）

三、选择题

1. 在图 2–25 所示线路中，电动机作Y接法时，处于通电状态的线圈是（　　）。

A. KM、KT、KM_Y

B．KM、KT

C．KM、KM_{Y}

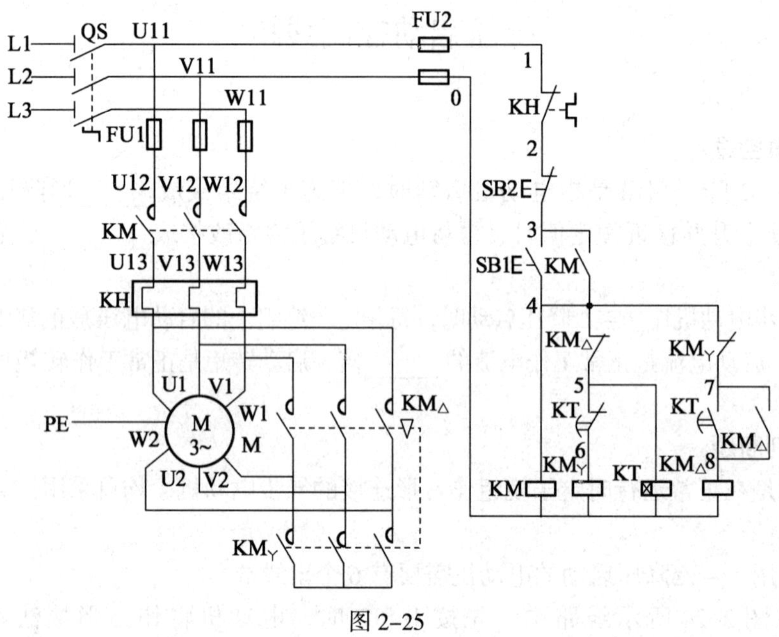

图 2–25

2．在图 2–25 所示线路中，若 KM_{Y}线圈断线，按下 SB1 后，电动机处于（　　）工作状态。

A．不转

B．直接接成△形启动运转

C．开始不转，后接成△形启动运转

3．在图 2–25 所示线路中，按下 SB1 后，电动机一直作 Y 连接运转的原因是（　　）。

A．$KM_{\triangle}$线圈断线

B．KT 线圈断线

C．KM_{Y}线圈断线

四、问答题

1．图 2–26 所示为用按钮、接触器控制的 Y－△降压启动控制线路的电路图。分析说明该线路能否正常工作。若不能，试加以改正，并说明电器 KM、KM_{Y}、$KM_{\triangle}$、KH 的作用。

QS
L1
L2
L3
FU1
FU2
KM
KH
U1
V1
W1
M
3~
PE
W2
M
U2
V2
KMΔ
KMY
KH
SB3
SB1
KM
SB2
KMY
KMΔ
KM

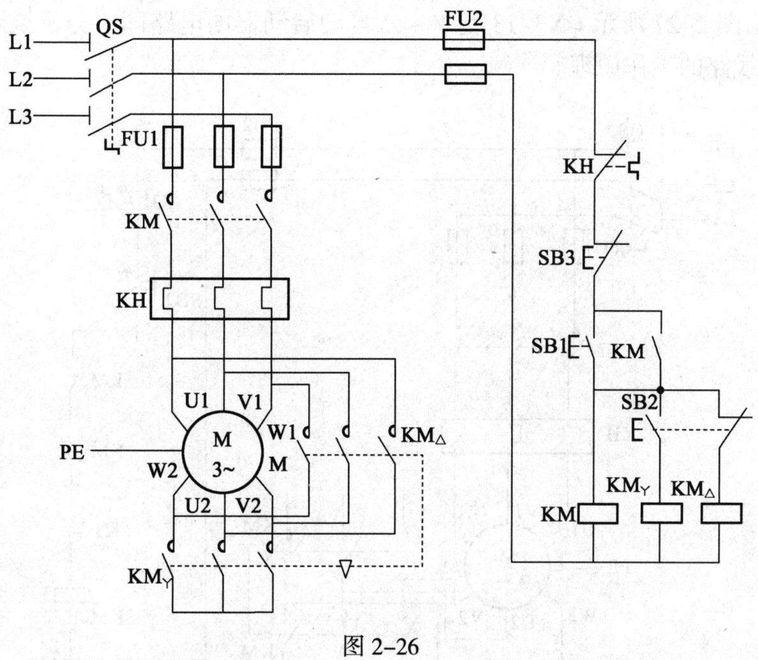

图 2–26

2. 补画图 2-27 所示 QX3-13 型 Y - △自动启动器的电路图，分析说明各电器的作用，叙述线路的工作原理。

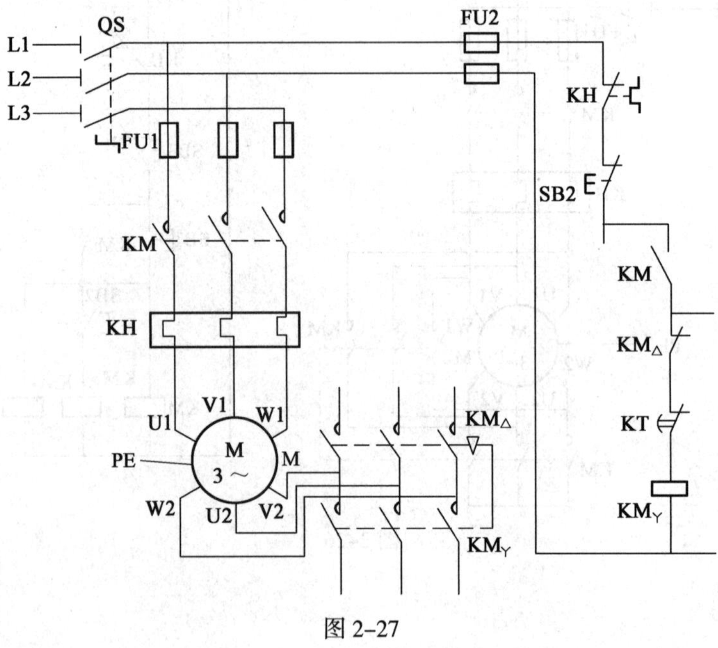

图 2-27

五、实训题

如图 2–28 所示为 Y–△降压启动控制线路，接通电源后，按下按钮 SB1，KM 线圈吸合但 KM_Y 和 KT 线圈不能吸合。分析故障原因，确定可能的故障范围，并简述检查流程。

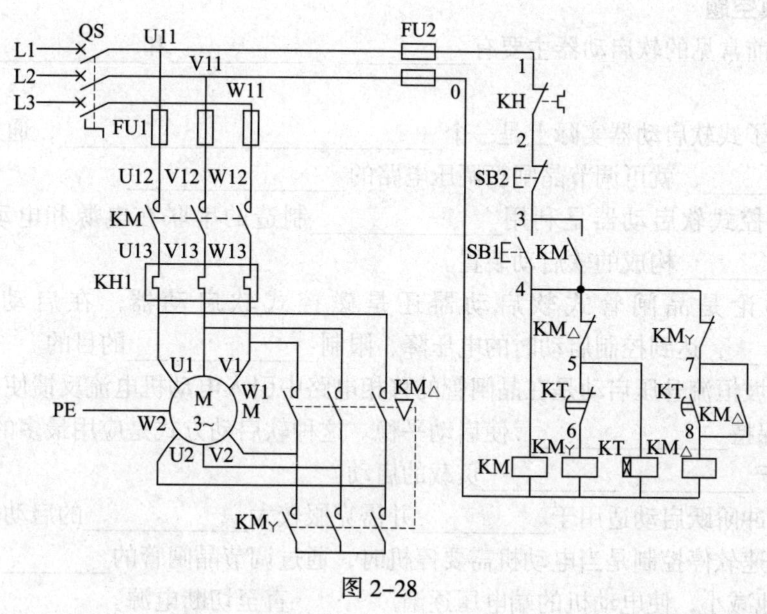

图 2–28

课题 11　三相笼型异步电动机的软启动器降压启动控制线路

一、填空题

1. 目前常见的软启动器主要有＿＿＿＿＿＿、＿＿＿＿＿＿和＿＿＿＿＿＿＿＿＿＿等类型。

2. 电子式软启动器实际上是一个＿＿＿＿＿＿＿＿＿＿＿＿＿＿，通过改变晶闸管的＿＿＿＿＿＿，就可调节晶闸管调压电路的＿＿＿＿＿＿＿＿。

3. 磁控式软启动器是利用＿＿＿＿＿＿＿＿制造的串联在电源和电动机之间的＿＿＿＿＿＿＿＿＿构成的软启动装置。

4. 不论是晶闸管式软启动器还是磁控式软启动器，在启动时只能调节＿＿＿＿＿＿，达到控制启动时的电压降、限制＿＿＿＿＿＿＿＿的目的。

5. 斜坡恒流升压启动是在晶闸管的移相电路中引入电动机电流反馈使电动机在启动过程中保持＿＿＿＿＿＿＿，使启动平稳。这种软启动方式是应用最多的启动方法，尤其适用于＿＿＿＿＿、＿＿＿＿＿＿负载的启动。

6. 脉冲阶跃启动适用于＿＿＿＿＿＿并需克服较大＿＿＿＿＿＿＿的启动场合。

7. 减速软停控制是当电动机需要停机时，通过调节晶闸管的＿＿＿＿＿，从全导通状态逐渐地减小，使电动机的端电压逐渐＿＿＿＿＿直至切断电源。

8. 在工业自动化程度要求比较高的场合，为便于控制和应用，通常将＿＿＿＿＿＿、＿＿＿＿＿＿和控制电路组成一个较完整的电动机控制中心，以实现电动机的＿＿＿＿、＿＿＿＿、＿＿＿＿＿＿、报警、自动控制等功能。

9. CMC–L 软启动器主回路端子 1L1、3L2、5L3 接＿＿＿＿＿，2T1、4T2、6T3 接＿＿＿＿＿＿＿。

10. CMC–L 软启动器有＿＿＿＿＿个外引控制端子，为用户实现外部＿＿＿＿＿控制、＿＿＿＿＿控制及＿＿＿＿＿控制提供方便。

11. CMC–L 软启动器有＿＿＿＿启动、＿＿＿＿＿＿启动、＿＿＿＿＿＿启动多种启动方式；有＿＿＿＿＿＿＿、＿＿＿＿＿＿＿停机方式。

12. CMC–L 软启动器采用＿＿＿＿显示式操作键盘，可实现＿＿＿＿＿＿、＿＿＿＿、修改以及故障显示、复位和启动、停机等控制。

13. 当 CMC–L 软启动器通电后，即进入＿＿＿＿＿＿准备状态，键盘显示＿＿＿＿＿＿，此时按＿＿＿＿键进入编程状态。软启动器在编程状态下可进行＿＿＿＿＿＿和＿＿＿＿＿＿两种操作，当显示参数前两位处于闪烁状态时是＿＿＿＿＿＿状态，后两位处于闪烁状态时是＿＿＿＿＿状态。

14. CMC–L 软启动器参数显示有四位，前两位是＿＿＿＿＿＿，后两位是＿＿＿＿＿＿。

15. 当 CMC–L 软启动器＿＿＿＿＿＿＿＿功能动作时，软启动器立即＿＿＿＿＿＿＿＿，显示屏显示当前＿＿＿＿＿＿。显示Err3表示机器处于＿＿＿＿＿状态，后缀数字表示＿＿＿＿＿＿＿＿，其中数字 1 表示＿＿＿＿＿＿＿＿＿，数字 2 表示＿＿＿＿＿＿＿＿＿，数字

3 表示________________。

二、判断题

1．对于晶闸管交流调压器，通过改变晶闸管的触发角，就可调节晶闸管调压电路的输出电压。（　　）

2．减速软停控制和传统的停机控制方式一样，都是通过瞬间断电完成的。（　　）

3．一台软启动器只能对一台电动机进行软启动。（　　）

4．在一些情况下，可用一台软启动器对多台电动机进行软启动，以节约资金投入。（　　）

5．软启动器在电动机达到正常运行速度之后可以关闭。（　　）

6．软启动器在电动机运行过程中需要一直运行，不可以关闭。（　　）

7．CMC-L 软启动器故障具有记忆性，故在故障排除后，通过按键 STOP（长按 4 s 以上）进行复位，使软启动器恢复到启动准备状态。（　　）

三、选择题

1．自动液体电阻式软启动器适用于（　　）的重载平滑软启动。

A．三相笼型交流异步电动机

B．三相绕线转子交流异步电动机

C．三相同步电动机

D．直流电动机

2．CMC-L 软启动器处于参数浏览状态时，按（　　）键进行参数浏览。

A．确认（–）

B．增减（∧或∨）

C．退出（C）

3．CMC-L 软启动器处于参数浏览状态时，按（　　）键进入参数设定状态。

A．确认（–）

B．增减（∧或∨）

C．退出（C）

4．CMC-L 软启动器处于参数浏览状态时，按 – 键进入参数设定状态，按（　　）键进行参数设定及修改。

A．确认（–）

B．增减（∧或∨）

C．退出（C）

5．CMC-L 软启动器处于参数浏览状态时，按（　　）键退出本级菜单并返回上一级。

A．确认（–）

B．增减（∧或∨）

C．退出（C）

四、问答题

1．相比传统降压启动方式，使用软启动器进行启动具有哪些优点？

2．标出 CMC-L 软启动器面板各按键的名称，并说明各按键的功能。

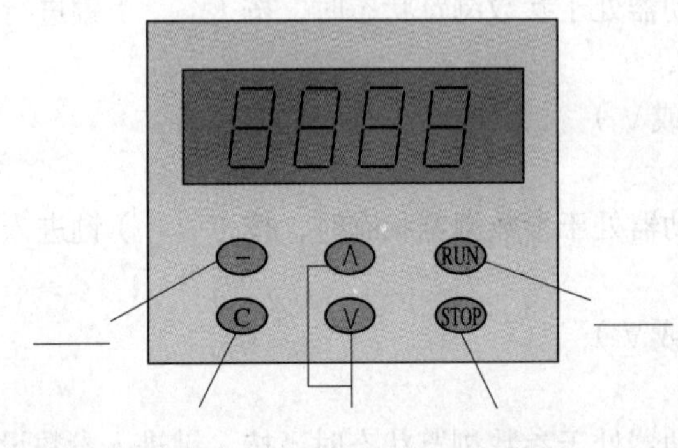

3．对 CMC-L 软启动器的日常维护主要包括哪些内容？

课题 12 三相笼型异步电动机的机械制动控制线路

一、填空题

1．所谓制动，就是给电动机一个与转动方向______的转矩使它迅速停转。制动的方法一般有____________和____________两类。

2．利用__________使电动机断开电源后迅速停转的方法称为机械制动。机械制动常用的方法有________________制动和________________制动。

3．制动电磁铁主要由________、__________和________三部分组成。

4．闸瓦制动器包括________、________、______和________等部分。

5．MZD1 系列______________与 TJ2 系列____________配合使用，共同组成电磁抱闸制动器，分为________制动型和________制动型两种。

6．断电制动型电磁抱闸制动器被广泛应用在________上。其优点是能够________，同时可防止电动机突然断电时重物的____________；缺点是________。

7．安装电磁抱闸制动器时，要保证电动机轴伸出端上的制动闸轮与闸瓦制动器的抱闸机构在____________上，而且轴心要________。

8．电磁抱闸制动器安装后，必须在切断电源的情况下先进行________，然后在通电试车时再进行______。

9．电磁离合器的制动原理和电磁抱闸制动器的制动原理类似，其主要区别是电磁离合器利用了动、静摩擦片之间产生足够大的____________而实现制动。

10．电磁离合器主要由___________、___________、_________以及_________等组成。

二、问答题

1．电动机在脱离电源后，若不采取任何制动措施，能否立即停转？为什么？

2．断电制动型、通电制动型电磁抱闸制动器分别适用于哪些场合？

3．断电制动型电磁抱闸制动器安装后如何调试才算合格？

4．简述电磁离合器的制动原理。

课题 13 三相笼型异步电动机的反接制动控制线路

一、填空题

1．使电动机在切断电源停转的过程中，产生一个和电动机实际旋转方向______的电磁力矩，迫使电动机迅速制动停转的方法称为电力制动。

2．电力制动常用的方法有________、________、__________和____________等。

3．反接制动是依靠改变电动机定子绕组的电源______来产生制动力矩，迫使电动机迅速停转的。

4．在反接制动设施中，为保证电动机的转速被制动到接近________时，能迅速切断电源，防止反向启动，常利用__________来自动地及时切断电源。

5．反接制动时，旋转磁场与转子的相对转速为__________，致使定子绕组中的电流一般约为电动机额定电流的________倍。

6．反接制动适用于______kW 以下小容量电动机的制动，并且对________kW 以上的电动机进行反接制动时，需在定子绕组回路中串入__________，以限制反接制动电流。

二、问答题

1．简要说明反接制动的制动原理。

2．图 2–29 所示是三相电动机双向启动反接制动控制线路，分析回答以下问题：

（1）接触器、中间继电器和速度继电器在线路中各起什么作用？

（2）电动机的正向启动、反接制动由哪些电器来配合完成？

（3）电动机的反向启动、反接制动由哪些电器来配合完成？

（4）叙述线路反向启动、反接制动的工作原理。

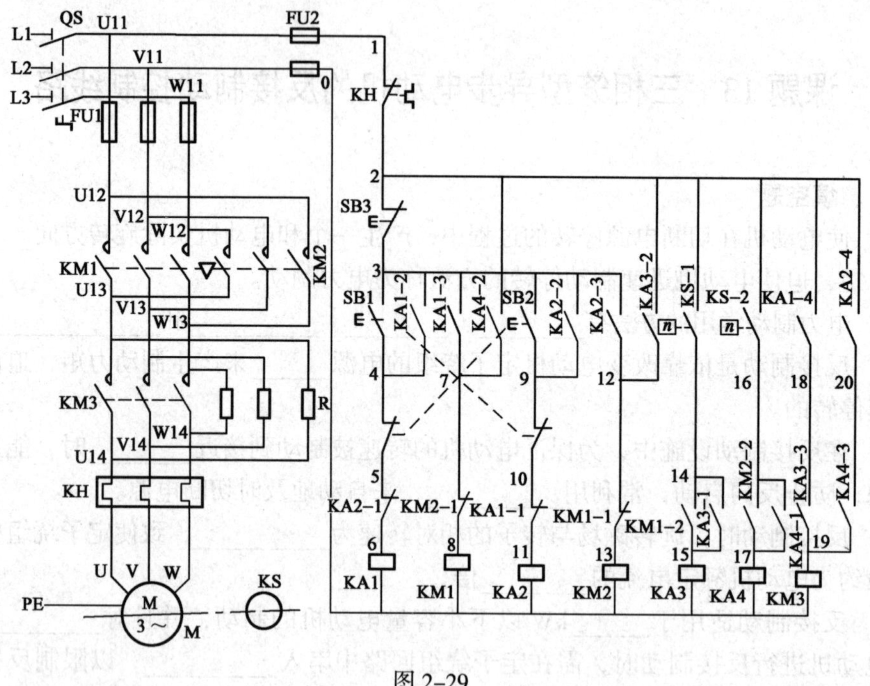

L1
L2
L3
QS
U11
V11
W11
FU1
FU2
1
0
KH
2
SB3
3
U12
V12
W12
KM1
KM2
U13
V13
W13
KM3
R
V14
W14
U14
KH
U
V
W
PE
M
3～
M
KS
SB1
KA1–2
KA1–3
KA4–2
SB2
KA2–2
KA2–3
KA3–2
KS–1
KS–2
KA1–4
KA2–4
4
7
9
12
16
18
20
5
10
14
KA2–1
KM2–1
KA1–1
KM1–1
KM1–2
KA3–1
KM2–2
KA3–3
KA4–3
KA4–1
19
6
8
11
13
15
17
KA1
KM1
KA2
KM2
KA3
KA4
KM3

图 2–29

三、实训题

如图 2-30 所示为反接制动控制线路，接通电源后，按下停止按钮 SB2 后，KM1 失电释放，但 KM2 不吸合。分析故障原因，确定可能的故障范围，并简述检查流程。

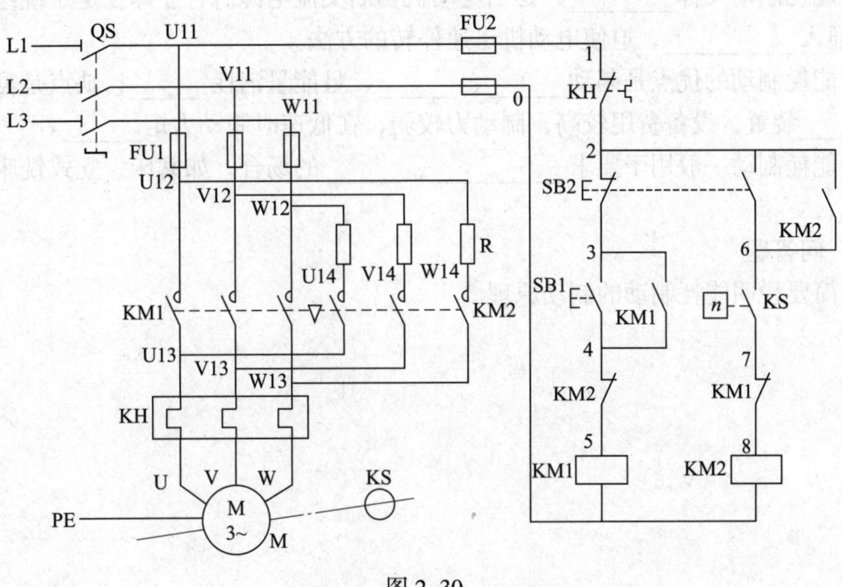

图 2-30

课题 14　三相笼型异步电动机的能耗制动控制线路

一、填空题

1．能耗制动又称________，是当电动机切断交流电源后，立即在定子绕组的任意两相中通入_________，迫使电动机迅速停转的方法。

2．能耗制动的优点是制动______、______，且能量消耗______；缺点是需要附加_________装置，设备费用较高，制动力较弱，在低速时制动力矩______。

3．能耗制动一般用于要求_________、______的场合，如磨床、立式铣床的控制线路中。

二、问答题

1．简要说明能耗制动的制动原理。

2．图 2–31 所示为有变压器单相桥式整流单向启动能耗制动控制线路的电路图，电路中哪些地方画错了？改正后叙述工作原理。

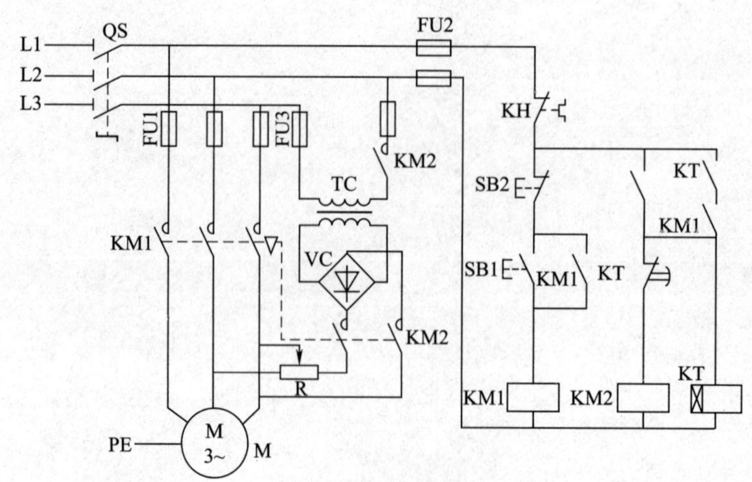

图 2–31

3. 对比反接制动和能耗制动的优点、缺点及适用场合。

三、实训题

如图 2–32 所示为能耗制动控制线路，接通电源后，按下 SB2，KT、KM2 线圈吸合，但电动机不能制动。分析故障原因，确定可能的故障范围，并简述检查流程。

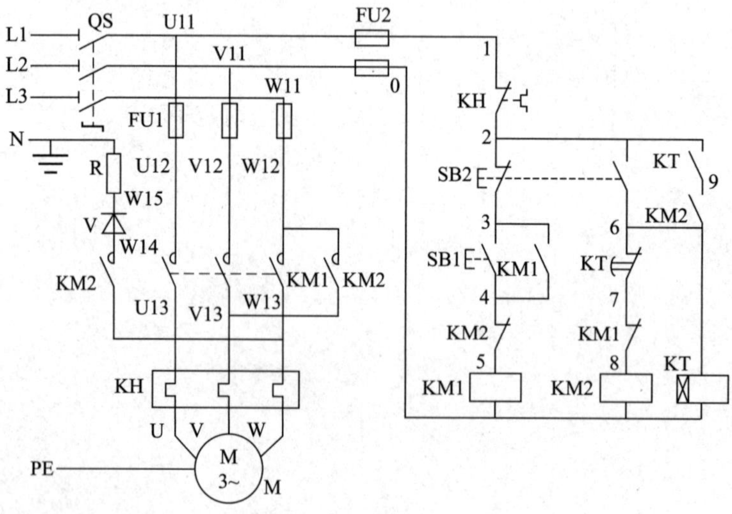

图 2–32

课题 15　双速异步电动机的控制线路

一、填空题

1．三相异步电动机的调速方法有三种：一是改变________调速；二是改变____________调速；三是改变____________调速。

2. 改变异步电动机的____________调速称为变极调速。变极调速是通过改变电动机__________的连接方式来实现的。

3. 变极调速是_____级调速，只适用于________异步电动机。

4. 凡________可改变的电动机称为多速电动机。常见的多速电动机有_____、________、_______等几种类型。

5. 双速异步电动机的定子绕组共有______个出线端，可作______和________两种连接方式，电动机低速时定子绕组接成____形，高速时定子绕组接成____形。

6. 双速异步电动机的定子绕组接成△形时，磁极为____极，同步转速为_____r/min；接成YY时，磁极为______极，同步转速为________r/min。

二、判断题

1. 双速电动机定子绕组从一种接法改变为另一种接法时，必须把电源相序反接，以保证电动机在两种转速下的旋转方向相反。（　　）

2. 图2–33所示是采用CJ12B系列接触器（有5个主触头）的双速电动机的控制线路，电动机要高速运转时，必须先低速启动，然后再按下SB3实现高速运转。（　　）

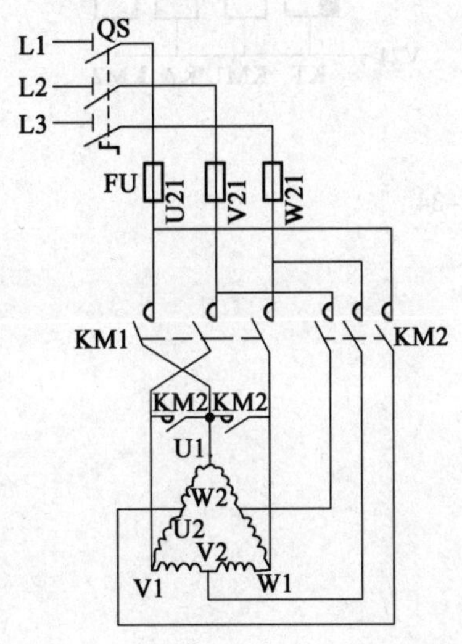

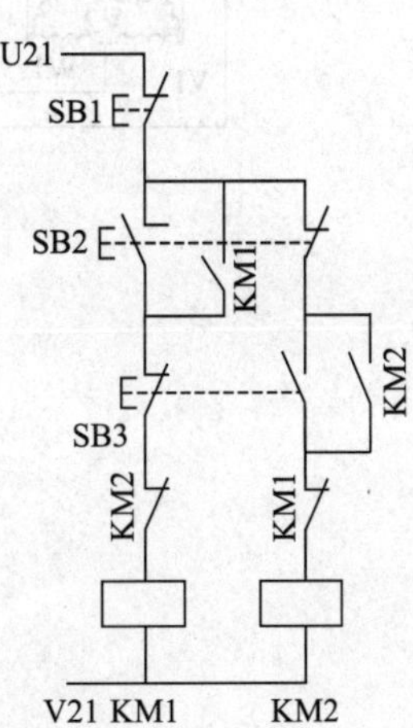

图2–33

三、选择题

1. 双速电动机高速运转时，定子绕组出线端的连接方式应为（　　）。

A. U1、V1、W1接三相电源，U2、V2、W2空着不接

B. U2、V2、W2接三相电源，U1、V1、W1空着不接

C. U2、V2、W2接三相电源，U1、V1、W1并接在一起

D. U1、V1、W1接三相电源，U2、V2、W2并接在一起

2. 双速电动机高速运转时的转速是低速运转时转速的（　　）。

A. 一倍　　　B. 两倍　　　C. 三倍

3. 在图2–33所示电路中，电动机启动并作低速运转时，应按下按钮（　　）。

A．SB1　　　　B．SB2　　　　C．SB3

4．在图 2–33 所示电路中，电动机启动并作高速运转时，应按下按钮（　　）。

A．SB1　　　　B．SB2　　　　C．SB3

四、问答题

1．图 2–34 所示是时间继电器控制的双速电动机自动加速控制电路图，简述其工作原理。

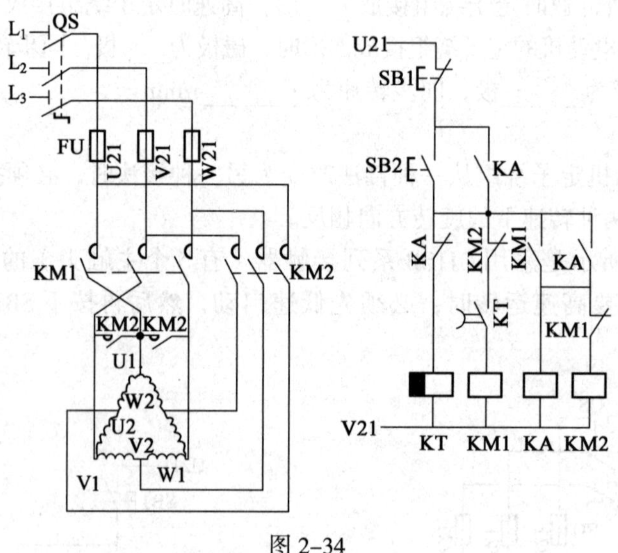

图 2–34

2. 图 2–35 所示是用转换开关和时间继电器控制双速电动机运转的电路图，分析各电器的作用，并简述线路的工作原理。

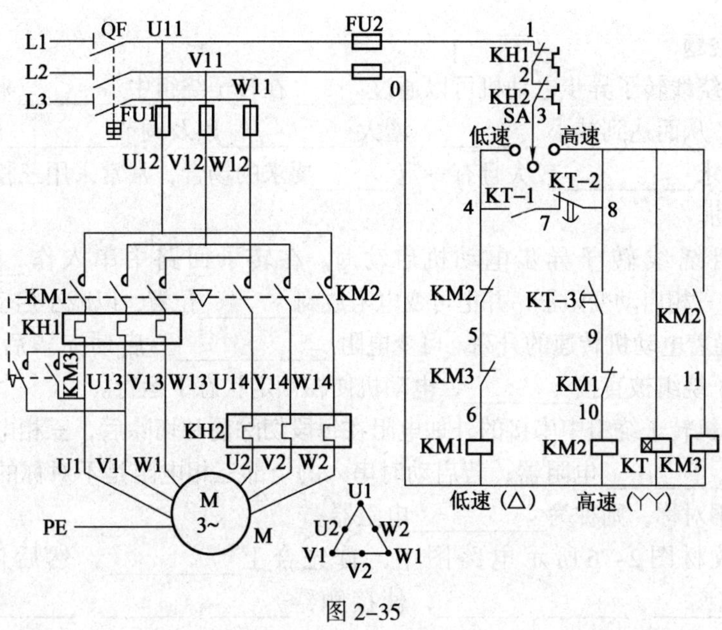

图 2–35

课题 16　三相绕线转子异步电动机的控制线路

一、填空题

1．三相绕线转子异步电动机可以通过______在转子绕组中________来改善电动机的机械特性，从而达到减小________、增大_________以及调节________的目的。

2．在要求_________较大且有一定______要求的场合，常常采用三相绕线转子异步电动机拖动。

3．三相绕线转子异步电动机启动时，在转子回路中串入作_____形连接、_________的三相启动变阻器，并把可变电阻放到_______位置，以减小启动电流、增加启动转矩。随着电动机转速的升高，可变电阻___________。启动完毕后，切除可变电阻器，转子绕组被直接________，电动机便在额定状态下运行。

4．电动机转子绕组中串接的外加电阻在每段切除前和切除后，三相电阻始终是对称的，称为_________电阻器；若启动时串入的全部三相电阻是不对称的，且每段切除后三相仍不对称，则称为_________电阻器。

5．在教材图2–76所示电路图中，首先合上_________，然后依次按下按钮______、______、______、______，使接触器______、______、______、______依次得电进行启动。

6．频敏变阻器是一种阻抗值随______明显变化、静止的_________电磁元件。它实质上是一个_____________非常大的三相电抗器。它主要由______和______两部分组成。

7．绕线转子异步电动机启动时，只需用一级频敏变阻器串接在_________中，就可以平稳地把电动机启动起来。启动完毕_________频敏变阻器。

8．拧开频敏变阻器螺栓上的螺母，可以在上下铁芯之间增减____________，以调整________长度。出厂时上下铁芯间的空气隙为______。

9．频敏变阻器的绕组有四个抽头，一个抽头在绕组______，标号为 N；另外三个抽头在绕组的________，标号分别为 1、2、3。抽头 1—N 之间为______匝数，2—N 之间为______匝数，3—N 之间为______匝数。出厂时三组线圈均接在________匝数抽头处，并接成____形。

10．频敏变阻器应根据电动机所拖动生产机械的____________和____________来选择其系列，再按电动机_________选择其规格。

11．凸轮控制器是利用________来操作动触头动作的控制器，主要用于控制容量不大于________kW 的中小型_________异步电动机的启动、调速和换向，在桥式起重机等设备中得到广泛应用。

12．KTJ1 系列凸轮控制器主要由_________、_________、_________、_________和______等部分组成。

13．KTJ1 系列凸轮控制器的触头系统共有______对触头，其中，____对为常开触头，____对为常闭触头。

14．凸轮控制器主要根据所控制电动机的______、________、________、工作制和控制位置数目等来选择。

15．凸轮控制器必须牢固可靠地用安装螺钉固定在______或______上，其金属外壳上的接地螺钉必须与__________可靠连接。

16．凸轮控制器启动操作时，手轮不能转动______，应逐级启动，防止电动机的____________过大。停止使用时，应将手轮准确地停在____________。

二、画图填空题

1．图 2-36 所示为绕线转子异步电动机串电阻启动控制线路的主电路，补画出用时间继电器自动控制的控制电路，并根据完整线路填空：启动时，时间继电器依次得电的顺序是______、____、______；接触器依次得电的顺序是____、____、______、____；启动完毕正常工作时，只有____、________的线圈处于通电状态。与启动按钮 SB1 串接的接触器 KM1、KM2、KM3 的辅助常闭触头的作用是保证电动机只有在__________串入全部外加电阻的条件下才能____________。

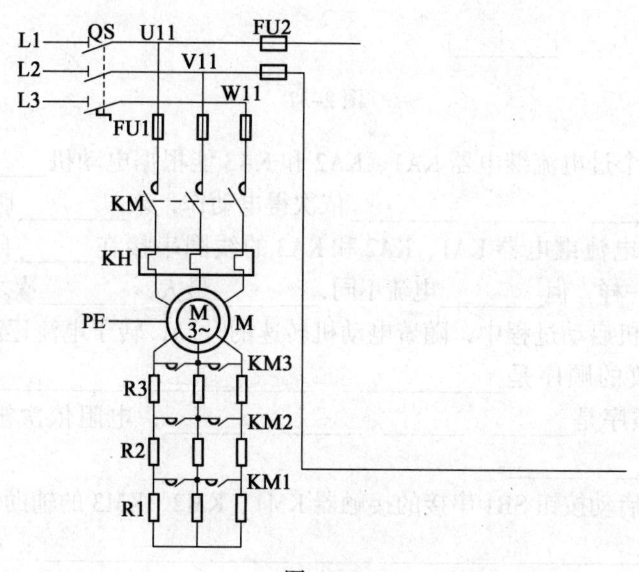

图 2-36

2．把图 2-37 所示绕线转子异步电动机串电阻启动电流继电器自动控制线路补画完整，并根据完整线路填空：

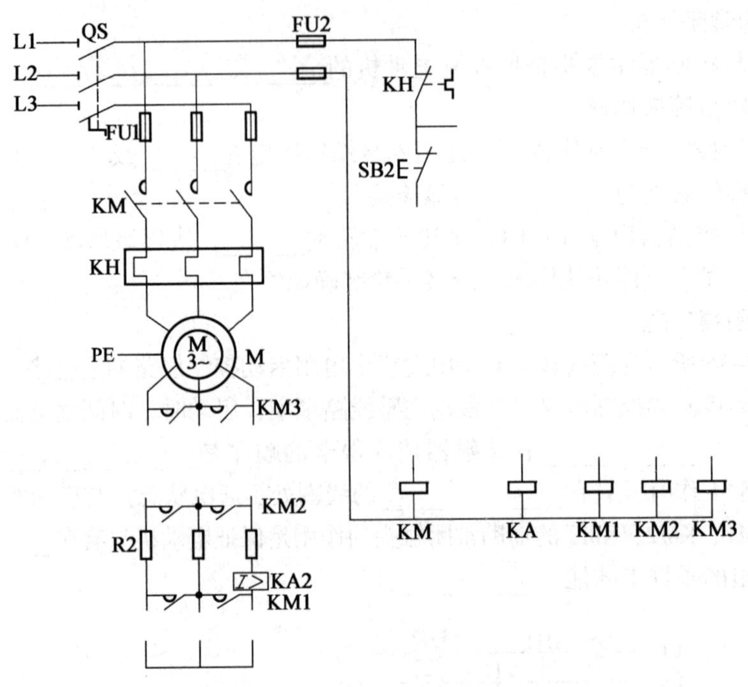

图 2–37

（1）图中三个过电流继电器 KA1、KA2 和 KA3 能根据电动机______电流的变化，控制接触器________、______、________依次得电动作，来________切除启动电阻。

（2）三个过电流继电器 KA1、KA2 和 KA3 的线圈串接在______回路中，它们的________电流都一样，但________电流不同，________最大，________次之，______最小。

（3）在电动机启动过程中，随着电动机转速的升高，转子电流逐渐减小，过电流继电器依次释放的顺序是____________、____________、____________；接触器依次得电动作的顺序是______、______、______、______；电阻依次被短接的顺序是________、______、______。

（4）图中与启动按钮 SB1 串接的接触器 KM1、KM2、KM3 的辅助常闭触头的作用是保证____；中间继电器 KA 的作用是保证____。

三、问答题

1. 为什么用频敏变阻器代替启动电阻来控制绕线转子异步电动机的启动？其优、缺点是什么？

2．安装和使用频敏变阻器时应注意哪些问题？

3．如何正确调整频敏变阻器的匝数和气隙？

4．结合教材图 2-84 所示绕线转子异步电动机凸轮控制器控制线路，回答以下问题：

（1）线路有哪些保护？各由什么电器实现？

（2）凸轮控制器的 12 对触头各接在什么电路中？各起什么作用？

5．凸轮控制器常见的故障有哪些？

课题 17　并励直流电动机的启动控制线路

一、填空题

1．直流电动机具有____________大、__________广、__________高、能够实现________平滑调速以及可以频繁启动等一系列优点。

2．对需要在大范围内实现无级平滑调速，或需要大启动转矩的生产机械，常用________________来拖动。

3. 直流电动机按照主磁极绕组与电枢绕组接线方式的不同，可以分为________和自励式两种。自励式又可分为________、________和________三种。

4. 直流电动机常用的启动方法有两种：一是________串联电阻启动；二是降低________启动。

5. BQ3 直流电动机启动变阻器用于电压不超过______V 的小容量直流电动机启动。它主要由________、________和________三大部分组成。

二、判断题

1. 并励直流电动机常采用电枢回路串联电阻的方法启动。 ( )

2. 并励电动机的励磁绕组的电感较小。 ( )

3. 并励电动机励磁绕组的匝数多，导线截面积较小，励磁电流只占电枢电流的一小部分。 ( )

4. 在教材图 2–89 所示电路中，实现失磁保护的电器是过电流继电器 KA2。 ( )

5. 在教材图 2–89 所示电路中，实现过载和短路保护的电器是欠电流继电器 KA1。 ( )

三、问答题

1. 并励直流电动机在启动和运行时，为什么不能将励磁断开？

2. 并励直流电动机“飞车”是什么意思？怎样防止“飞车”事故的发生？

课题 18　并励直流电动机的正反转和制动控制线路

一、填空题

1．直流电动机反转的方法有两种，一是__________反接法；二是________反接法。

2．在将电枢绕组反接的同时必须连同换向极绕组一起反接，以达到___________的目的。

3．直流电动机的制动方法分为_____________和__________两大类。

4．直流电动机机械制动常用的方法是____________________，电力制动常用的方法有______________、________________和________________三种。

5．保持直流电动机________电流不变，将____________绕组的电源切除后，立即使其与________________连接成闭合回路，迫使电动机迅速停转的方法称为能耗制动。

二、判断题

1．只要把并励直流电动机的电源极性反接就可以实现其反转。（　　）

2．只要切断直流电动机的电源，电动机就会在能耗制动下迅速停转。（　　）

3．当电动机的转速接近于零时，应及时、准确、可靠地断开电枢回路的电源，以防止电动机反转。（　　）

三、选择题

1．并励直流电动机的反接制动是通过把正在运行的电动机的（　　）突然反接来实现的。

A．励磁绕组　　B．电枢绕组　　C．励磁绕组和电枢绕组

2．为保证并励直流电动机的反接制动结束时能迅速切断电源，防止反向启动，常利用（　　）来自动及时切断电源。

A．速度继电器　　B．电压继电器　　C．电流继电器

3．再生发电制动只适用于电动机的转速（　　）理想空载转速的场合。

A．大于　　B．小于　　C．等于

四、问答题

1．并励直流电动机为什么常采用电枢反接法来实现反转？

2．如何实现直流电动机的反接制动？并励直流电动机采用反接制动时应注意哪两点？

3．分析叙述教材图 2–92 所示电路正向启动及反接制动的工作原理。

课题 19　并励直流电动机的调速控制线路

一、填空题

1．直流电动机的电气调速方法有三种：一是____________调速；二是________调速；三是__________调速。

2．直流电动机采用改变主磁通调速只能通过______励磁实现调速，所以这种调速方法也称为_______调速。

3．G–M 调速系统是________________调速系统的简称。

4．G–M 系统的调速________好，可实现_________调速，具有较好的_____、________、________、______控制性能。

5．晶闸管 – 直流电动机调速系统是用___________代替 G–M 调速系统的________。这种系统具有______高、_______大、______和______好及噪声小等优点，正在逐渐取代其他直流调速系统。

二、选择题

1．直流电动机电枢回路串电阻调速只能使电动机的转速在额定转速（　　）范围内进行调节。

A．以下　　B．以上　　C．±10%

2．直流电动机通过改变主磁通调速只能使电动机的转速在额定转速（　　）范围内进行调节。

A．以下　　B．以上　　C．±10%

3．并励直流电动机采用改变主磁通进行调速时，为避免电动机振动过大，换向条件恶化，其最高转速一般应在（　　）r/min 以下。

A．3 000　　B．2 000　　C．1 000

课题 20　电动机的控制、保护与选择

一、填空题

1．对电动机控制的一般原则有以下几种：_____控制原则、_____控制原则、___控制原则和_____控制原则。

2．反映速度变化的电器有多种，直接测量速度的电器有________、________；间接测量电动机速度的电器，对于直流电动机用其_______来反映，通过_______来控制；对于交流绕线转子异步电动机可用_________来反映，通过_______来控制。

3．电动机在运行的过程中，常用的保护措施有_____保护、_____保护、_____保护、______保护、______保护、_____保护和弱磁保护等。

4．在电动机控制线路中，实现短路保护的电器是________和__________。

5. 在电动机控制线路中，实现过载保护常用的电器是________。

6. 在电动机控制线路中，实现欠压保护的电器是________和________。

7. 在电动机控制线路中，实现失压保护的电器是________和________。

8. 在电动机控制线路中，实现过流保护常用的电器是________。

9. 在直流电动机控制线路中，实现弱磁保护的电器是________。

10. 选择和设置保护装置的目的不仅使电动机________，而且还应使电动机得到________。

11. 电子式电动机多功能保护器是一种高________、高________的保护装置。

12. 电动机的工作方式有________、________和________三种。

13. 选择电动机时，应从________、________、________、________、结构形式等几方面综合考虑，做到既经济又合理。

14. 短期工作制电动机的标准工作时间有____min、____min、____min、____min四种。

15. 选择周期性断续工作制电动机功率时，当负载持续率 $FC \leqslant 10\%$ 时，应按________选择；当负载持续率 $FC \geqslant 70\%$ 时，应按________选择。

16. 中小型交流电动机的额定电压一般为________，大型交流电动机的额定电压一般为____、____等。直流电动机的额定电压一般为________、________、________等，最常用的直流电压等级为________。

17. 电动机按其安装方式不同可分为____和____两种。在一般情况下应选用____电动机。

18. 电动机按轴伸个数不同分为________和________两种。一般情况下选用________电动机，特殊情况下才选用________电动机。

19. 电动机按防护形式分为________、________、________和________四种。

20. 封闭式电动机分为________、________和________三种。

二、判断题

1. 在三相交流电力系统中，最常见和最危险的故障是各种形式的短路。 (　　)

2. 只要电动机过载，其保护电器热继电器会瞬间动作并切断电动机电源。(　　)

3. 由于热继电器的热惯性大，所以在电动机控制线路中只适合用作过载保护，不宜作短路保护。 (　　)

4. 不管是直流电动机还是交流电动机，都要进行弱磁保护。 (　　)

5. 一个正确的保护方案应是：使电动机在充分发挥过载能力的同时不但免于损坏，而且还能提高电力拖动系统的可靠性和生产的连续性。 (　　)

6. 电动机的额定转速必须选在750~1 500 r/min 的范围内。 (　　)

7. 对电动机的选择，以合理选择电动机的额定功率最为重要。 (　　)

三、选择题

1. 根据生产机械运动部件的行程或位置，利用（　　）来控制电动机的工作状态称为行程控制原则。

A．电流继电器　　B．时间继电器　　C．行程开关　　D．速度继电器

2．利用（　　）按一定时间间隔来控制电动机的工作状态称为时间控制原则。

A．电流继电器　　B．时间继电器　　C．行程开关　　D．速度继电器

3．根据电动机的速度变化，利用（　　）等电器来控制电动机的工作状态称为速度控制原则。

A．电流继电器　　B．时间继电器　　C．行程开关　　D．速度继电器

4．根据电动机主回路电流的大小，利用（　　）来控制电动机的工作状态称为电流控制原则。

A．电流继电器　　B．时间继电器　　C．行程开关　　D．速度继电器

5．若短期工作制电动机的实际工作时间符合标准工作时间，电动机的额定功率 P_N 与负载功率 P_L 之间应满足（　　）。

A．$P_N \geqslant P_L$　　B．$P_N \leqslant P_L$　　C．$P_N<P_L$　　D．$P_N>P_L$

6．在比较干燥、灰尘不多、无腐蚀性气体和爆炸性气体的环境中，应选用（　　）。

A．防护式电动机　　B．开启式电动机

C．封闭式电动机　　D．防爆式电动机

7．在潮湿、尘土多、有腐蚀性气体、易引起火灾和易受风雨侵蚀的环境中，应选用（　　）。

A．防护式电动机　　B．开启式电动机

C．封闭式电动机　　D．防爆式电动机

8．在有易燃、易爆气体的危险环境中应选用（　　）。

A．防护式电动机　　B．开启式电动机

C．封闭式电动机　　D．防爆式电动机

四、问答题

1．热继电器在什么情况下不动作？什么情况下动作？

2．电动机在什么情况下容易过流？在电动机的电气控制线路中，是如何实现过流保护的？

3．为什么要对直流电动机进行弱磁保护？欠电流继电器是怎样完成弱磁保护的？

4．过载保护与过流保护有何区别？

5．若把电动机的额定功率选得过大或过小，会产生哪些不利影响？

6．电动机带动恒定负载连续工作时，如何选择电动机的功率？若环境温度与标准值相差较大，应对功率作怎样的修正？其原则是什么？

7．若电动机的额定电压低于或高于现场供电电网电压，会产生什么后果？

课题 21　电气控制线路设计基础

画图题

1．根据下列四个要求，分别画出控制电路。

（1）电动机 M1 先启动后，M2 才能启动，并且 M2 能单独停车。

（2）M1 先启动后，M2 才能启动，并且 M2 能点动。

（3）M1 先启动，经过一定时间后 M2 才能自行启动。

（4）M1 先启动，经过一定时间后 M2 才能自行启动，但 M2 启动后，M1 应立即停转。

2. 设计一个小车运行的控制线路。其要求如下：

（1）小车由原位开始前进，到终端后自动停止。

（2）在终端停留 2 min 后自动返回原位停止。

（3）要求在前进或后退途中任意位置都能停止或启动。

3. 有一台三级带运输机分别由 M1、M2、M3 三台电动机拖动，其布局如图 2-38 所示，动作顺序要求是：

（1）启动时要求按 M1—M2—M3 顺序启动。

（2）停车时要求按 M3—M2—M1 顺序停车。

（3）上述动作按时间原则控制。

画出满足要求的控制电路图。

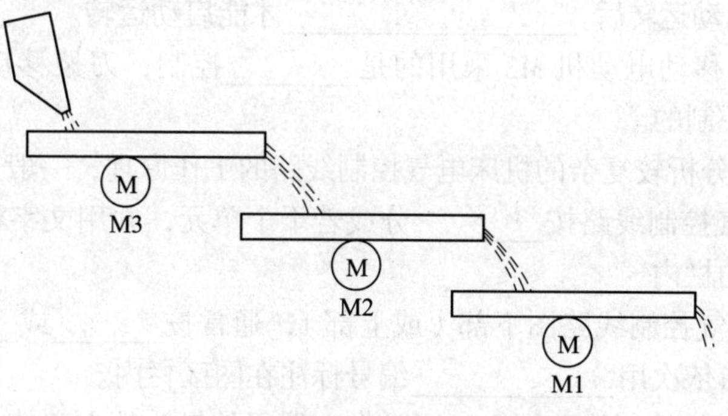

图 2-38

第三单元　常用生产机械的电气控制线路及其安装、调试与维修

课题 1　CA6140 型车床电气控制线路

一、填空题

1. CA6140 型车床共有三台电动机，它们分别是________、______________和________。

2. CA6140 型车床主轴箱的主要功能是实现主轴的__________和__________。

3. CA6140 型车床的主运动是______________________________，进给运动是______________________________。

4. CA6140 型车床电气控制线路中的电气保护措施有______、________和______。

5. CA6140 型车床的主轴电动机没有反转控制，主轴的反转靠_______实现。

6. 主轴电动机 M1 和冷却泵电动机 M2 在控制电路中实现_____控制，即只有___________启动运转后，______________才能启动运转。

7. 刀架快速移动电动机 M3 采用的是_______控制，刀架移动方向的改变是由___________控制的。

8. 为了便于分析较复杂的机床电气控制线路的工作原理，一般采取_______的分析方法，即将电气控制线路按_______分成若干个单元，并用文字将其功能标注在电气控制线路上部的栏内。

9. 在机床电气控制线路图下部（或上部），通常按______或______划分若干个图区，并从左到右依次用__________编号标注在图区栏内。

10. 在机床电气控制线路图上，通常在电器元件触头的文字符号下面标注该电器元件线圈所处的_______。

11. CA6140 型车床在正常工作状态下，行程开关 SQ1 的常开触头 SQ1（1—4）处于_____状态，而行程开关 SQ2 的常闭触头 SQ2（2—3）处于_____状态。

12. 电气设备在运行过程中，由于操作使用不当、安装不合理或维修不正确等人为因素造成的故障，称为_________。

13. 电气设备的维修包括____________和________两方面。

14. 当电气设备发生故障后，切忌盲目随便动手检修。在检修前，通过____、____、____、____、闻来了解故障前后的操作情况和故障发生后出现的异常现

象，以便根据故障现象判断出故障发生的部位，进而准确地排除故障。

15．短接法是用一根绝缘良好的导线，把所怀疑的____部位短接，如短接过程中电路被______，就说明该处________。

16．用短接法查找线路故障时，绝对不能短接______，否则将发生______故障。

17．检修电动机缺相运行故障时，对于接触器主触头下方的故障点一般只能采用____________________测量。

二、填图题

填写图 3–1 所示 CA6140 型车床各部分的名称。

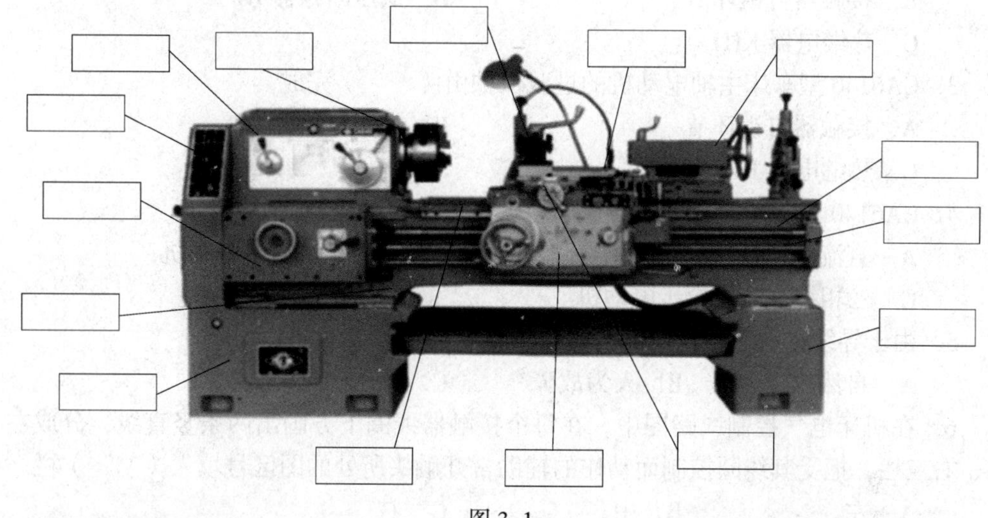

图 3–1

三、判断题

1．CA6140 型车床主轴的正反转是由主轴电动机 M1 的正反转来实现的。（　　）

2．CA6140 型车床中的低压断路器 QF 只有在其线圈通电时才能合闸。（　　）

3．钥匙开关 SB 和行程开关 SQ2 的常闭触头（2—3）在 CA6140 型车床正常工作时是闭合的。（　　）

4．在操作 CA6140 型车床时，按下启动按钮 SB2，发现接触器 KM 得电动作，但主轴电动机 M1 不能启动，则故障原因可能是热继电器 KH1 动作后未复位。（　　）

5．CA6140 型车床的主轴电动机 M1 因过载而停转，热继电器 KH1 是否复位，对冷却泵电动机 M2 和刀架快速移动电动机 M3 的运转无任何影响。（　　）

6．CA6140 型车床的配电盘壁龛有开门断电保护功能，因此打开配电盘壁龛门后，无法进行带电检修。（　　）

7．只要加强对电气设备的日常维护和保养，就可以杜绝电气事故的发生。（　　）

8．维修时可根据实际需要修改生产机械的电气控制线路。（　　）

9．在实际检修机床电气故障的过程中，不同的测量方法可交叉使用。（　　）

10．短接法既适用于检查控制电路的故障，也适用于检查主电路的故障。（　　）

11．在故障的修理过程中，一般情况下应尽量做到复原。（　　）

12. 在机床电气线路中，可以借用金属软管作为接地通道。 （ ）

13. 机床在通电试车时，要先合上电源开关，后按启动按钮；停车时，要先按停止按钮，后断开电源开关。 （ ）

四、选择题

1. CA6140 型车床主轴的调速采用（ ）。

   A. 电气调速　　B. 齿轮箱进行机械有级调速

   C. 机械与电气配合调速

2. CA6140 型车床主轴电动机的失压保护由（ ）完成。

   A. 接触器自锁环节　　B. 低压断路器 QF

   C. 热继电器 KH1

3. CA6140 型车床主轴电动机的过载保护由（ ）完成。

   A. 接触器自锁环节　　B. 低压断路器 QF

   C. 热继电器 KH1

4. CA6140 型车床的主轴电动机选用（ ）。

   A. 直流电动机　　B. 三相笼型异步电动机

   C. 三相绕线转子异步电动机

5. 由于导线绝缘老化而造成的设备故障属于（ ）。

   A. 自然故障　　B. 人为故障　　C. 无法确定

6. 在机床电气控制线路图中，在每个接触器线圈下方画出两条竖直线，分成左、中、右三栏，把受其线圈控制而动作的辅助常开触头所处的图区号填入（ ）栏。

   A. 左　　B. 中　　C. 右

7. 按下启动按钮后，CA6140 型车床的主轴电动机 M1 启动后不能自锁，则故障原因可能是（ ）。

   A. 接触器 KM 的自锁触头接触不良　　B. 接触器 KM 主触头接触不良

   C. 热继电器 KH 动作

五、问答题

1. CA6140 型车床的主要运动形式有哪些？

2. 在 CA6140 型车床控制线路中，刀架快速移动电动机 M3 为什么未设过载保护？

3．工业机械电气设备维修的一般要求有哪些？

4．机床电气设备进行一级保养的内容有哪些？

六、实训题

结合教材图 3–2 所示 CA6140 型车床电气控制线路图，根据下列故障现象分析产生故障的原因，并在教师指导下，完成故障排除实际操作练习。

1．接触器 KM 吸合，但主轴电动机 M1 不能启动。

2．主轴电动机 M1 不能停车。

3．运行过程中主轴电动机 M1 自动停车，立即按下启动按钮 SB2，但主轴电动机不能启动。

4．刀架快速移动电动机 M3 不能启动。

5．主轴电动机 M1 启动运转后，按下 SB4，冷却泵电动机 M2 不能启动。

课题 2　Z37 型摇臂钻床电气控制线路

一、填空题

1．钻床是一种用途广泛的孔加工机床，主要用于＿＿＿＿＿＿＿＿＿＿。

2．钻床的结构形式很多，常用的有＿＿＿＿＿＿、＿＿＿＿＿＿、＿＿＿＿＿＿和深孔钻床等。

3．摇臂钻床主轴带动钻头的旋转运动是＿＿＿＿＿＿＿＿；钻头的上下运动是＿＿＿＿＿＿＿；主轴箱沿摇臂水平移动、摇臂沿外立柱上下移动以及摇臂连同外立柱一起相对于内立柱的回转运动是＿＿＿＿＿＿＿＿＿。

4．Z37 型摇臂钻床的主轴箱安装于摇臂的＿＿＿＿＿上，可由＿＿＿操纵沿摇臂做水平方向移动。

5．Z37 型摇臂钻床在钻削加工时，需要将主轴箱固定在＿＿＿上，摇臂固定在＿＿＿＿上，外立柱紧固在＿＿＿＿上。

6．Z37 型摇臂钻床的各种工作状态都是通过＿＿＿＿＿＿＿＿操作的，为防止十字开关手柄停在任何工作位置时因接通电源而产生误动作，在控制线路中设有＿＿＿＿＿＿＿环节。

7. Z37 型摇臂钻床中需要正反转的电动机是＿＿＿＿＿＿电动机和＿＿＿＿＿＿电动机。

8．结合教材中图 3-18 所示 Z37 型摇臂钻床电路图填空：

（1）十字开关 SA 由＿＿＿＿＿和四个＿＿＿＿＿组成。

（2）摇臂的上升是由＿＿＿＿＿＿＿和＿＿＿＿＿＿＿联合控制实现的，能够自动完成摇臂松开→摇臂上升→摇臂夹紧的半自动控制过程。

（3）行程开关 SQ1 起＿＿＿＿＿作用，SQ2 起＿＿＿＿＿作用，从而保护摇臂上升或下降时不会超出允许的极限位置。

（4）要使摇臂和外立柱绕内立柱转动，应首先将外立柱＿＿＿＿＿＿＿。这时可扳动手柄使行程开关＿＿＿＿＿＿动作，接触器＿＿＿＿＿＿得电吸合，电动机＿＿＿＿＿＿拖动液压泵正向工作，使立柱夹紧装置松开。

二、填图题

填写图 3–2 所示 Z37 型摇臂钻床的各部分名称。

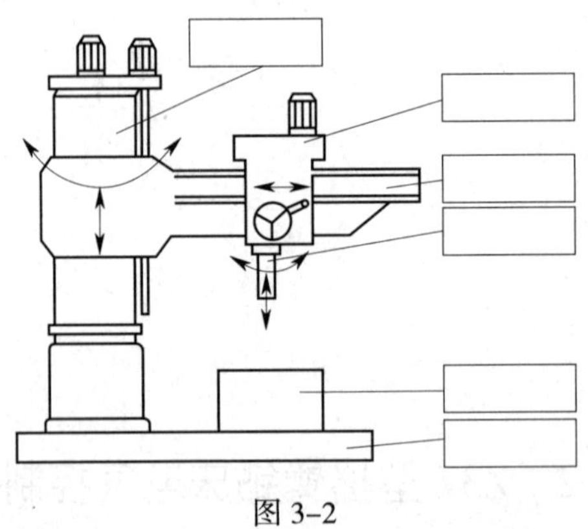

图 3–2

三、判断题

1．Z37 型摇臂钻床的摇臂可绕外立柱回转。 （　　）

2．将 Z37 型摇臂钻床的十字手柄直接从“中”扳到“右”位置，主轴电动机立即启动运转。 （　　）

3．Z37 型摇臂钻床的各个电动机都能实现正反转控制。 （　　）

4．Z37 型摇臂钻床中立柱的夹紧与松开控制是半自动控制的。 （　　）

5．Z37 型摇臂钻床摇臂的松开和夹紧与立柱的松开和夹紧是由同一台电动机 M4 拖动液压装置完成的。 （　　）

四、选择题

1．Z37 型摇臂钻床的外立柱可绕不动的内立柱回转（　　）。

A．90°　　B．180°　　C．360°

2．Z37 型摇臂钻床的主轴箱在摇臂上的移动靠（　　）。

A．人力推动　　B．电动机驱动　　C．液压驱动

3．Z37 型摇臂钻床的摇臂夹紧和放松是由（　　）控制的。

A．机械　　B．电气　　C．机械和电气联合

4．Z37 型摇臂钻床的摇臂上升时，当摇臂完全松开后，鼓形组合开关（　　），为摇臂上升结束时的自动夹紧做好准备。

A．S1 的常开触头（3—6）闭合

B．S1 的常开触头（3—9）闭合

C．S1 的常开触头（3—6）断开

D．S1 的常开触头（3—9）断开

5．Z37 型摇臂钻床的摇臂上升后可以完全夹紧，但下降后不能夹紧的故障原因可能是（　　）。

A．S1 的触头（3—6）未闭合

B．S1 的触头（3—9）未闭合

C．S2 的触头（3—11）未闭合

6．Z37 型摇臂钻床大修后，若将摇臂升降电动机的三相电源相序接反，则会出现（　　）的现象。

A．电动机不能启动　　　　B．上升和下降方向颠倒

C．电动机不能停止

五、问答题

1．Z37 型摇臂钻床的主要运动形式有哪些？

2．结合教材中图 3–18 所示电路图，回答以下问题：

（1）中间继电器 KA 的作用是什么？

（2）简述摇臂下降的控制过程。

（3）若出现主轴箱和立柱的松紧故障，应重点检查哪几部分？

六、实训题

结合教材图 3–18 所示 Z37 型摇臂钻床电路图，根据下列故障现象分析产生故障的原因，并在教师指导下，完成故障排除实际操作练习。

1. 摇臂上升后不能完全加紧。

2. 摇臂下降夹紧后，M3 仍不停转。

课题 3　M7130 型平面磨床电气控制线路

一、填空题

1. M7130 型平面磨床是__________式，其主要结构包括床身、________、_________、砂轮箱、滑座和立柱等。

2. M7130 型平面磨床的主运动是__________________，进给运动是工作台的____________以及砂轮架的______________。

3. 为保证磨削加工质量，M7130 型平面磨床要求砂轮有较高的转速，通常采用_________________。

4. M7130 型平面磨床的工作台能在______、______和______三个方向快速移动，由液压传动机构驱动实现。

5. M7130 型平面磨床工作台的往复运动是由液压传动完成的，其优点是____________，易于实现____________。

6. M7130 型平面磨床的砂轮电动机 M1 和冷却泵电动机 M2 在________上实现顺序控制。

7. 结合教材图 3–25 所示 M7130 型平面磨床电气控制线路图填空：

（1）砂轮电动机 M1 由接触器__________控制，由__________作过载保护，由__________作短路保护。

（2）为保证安全，M7130 型平面磨床的电磁吸盘______后，电动机 M1、M2、M3

才能启动。电磁吸盘________时，三台电动机均不能启动。

（3）工件加工完毕后，先把 QS2 扳到______位置，切断电磁吸盘 YH 的直流电源。然后将 QS2 扳到______位置，电磁吸盘 YH 通入较小的反向电流进行退磁。

（4）如果工件不易退磁时，可将附件退磁器的插头插入插座 XS，使工件在________的作用下进行退磁。

（5）电磁吸盘电路包括________、________和________三部分。

8. M7130 型平面磨床电磁吸盘的保护电路由________和__________组成。

9. 若空载时电磁吸盘电源电压不正常，大多是因为__________短路或断路造成的。

二、填图题

填写图 3–3 所示 M7130 型平面磨床的各部分名称。

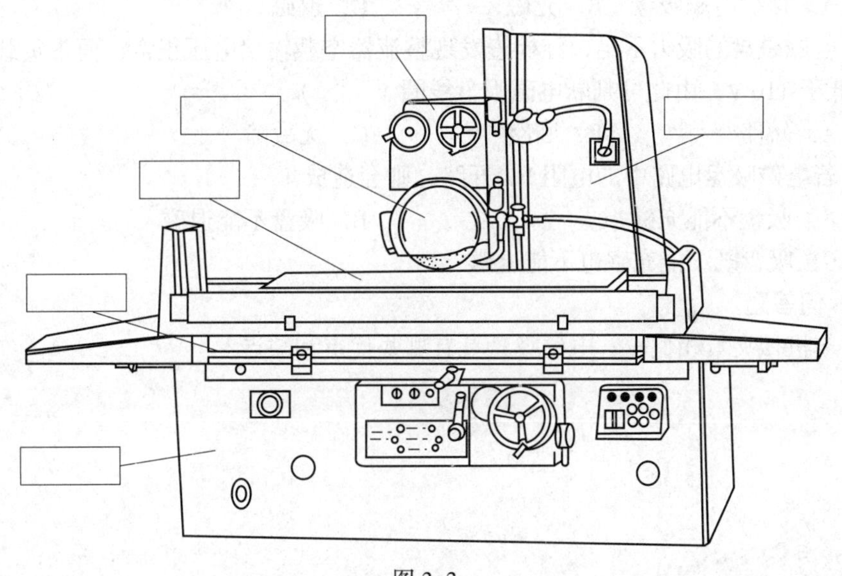

图 3–3

三、判断题

1. M7130 型平面磨床的砂轮架的横向进给运动只能由液压传动。（　　）

2. M7130 型平面磨床的砂轮要求有较高的转速，通常采用两极笼型异步电动机驱动。（　　）

3. 在磨削工件的过程中，M7130 型平面磨床的工作台每次换向时，砂轮架就横向进给一次。（　　）

4. 电磁吸盘吸力不足是电磁吸盘损坏或整流器输出电压不正常造成的。（　　）

5. M7130 型平面磨床的工作台采用了液压传动，当工作台前侧的换向挡铁碰撞床身上的液压换向开关时，工作台便自动改变了运动方向，实现了工作台的纵向往复运动。（　　）

6. M7130 型平面磨床工作台的往复运动是由电动机 M3 正反转拖动实现的。（　　）

7．M7130 型平面磨床无法加工非磁性工件。（　　）

四、选择题

1．M7130 型平面磨床的砂轮电动机 M1 和冷却泵电动机 M2 在（　　）上实现顺序控制。

A．主电路　　B．控制电路　　C．电磁吸盘电路

2．M7130 型平面磨床砂轮在加工过程中（　　）调速。

A．需要　　B．不需要　　C．根据情况确定是否需要

3．M7130 型平面磨床电磁吸盘与三台电动机 M1、M2、M3 之间的电气联锁是由（　　）实现的。

A．QS2　　B．KA　　C．QS2 和 KA 的常开触头（3—4）

4．在 M7130 型平面磨床的电气控制线路中，插座 XS 的作用是（　　）。

A．保护电磁吸盘　　B．充磁　　C．退磁

5．电磁磁盘的吸力不足，经检查发现整流器空载输出电压正常，而带负载时输出电压远低于 110 V，由此可判断电磁吸盘线圈（　　）。

A．短路　　B．断路　　C．无故障

6．若电磁吸盘电路中的电阻 R2 开路，则会造成（　　）。

A．吸盘不能充磁　　B．吸盘不能退磁

C．吸盘既不能充磁也不能退磁

五、问答题

1．与机械夹具相比较，电磁吸盘具有哪些优点和缺点？

2．M7130 型平面磨床电磁吸盘电路主要由哪几部分组成？

3．结合教材图 3–25 所示 M7130 型平面磨床电路图，分析电磁吸盘退磁的控制过程。

4．在 M7130 型平面磨床的电气控制线路中，熔断器 FU1 中的 U 相熔断会有什么现象？ V 相或 W 相熔断又会有什么现象？

六、实训题

结合教材图 3–25 所示 M7130 型平面磨床电路图，根据下列故障现象分析产生故障的原因，并在教师指导下，完成故障排除实际操作练习。

1．合上电源开关 QS1，按下 SB1 时，KM1 吸合，砂轮电动机 M1 转速极低或不转，发出“嗡嗡”声。

2．合上电源开关 QS1，再闭合转换开关 SA，照明灯 EL 不亮。

3．电磁吸盘无吸力。

课题 4　X62W 型万能铣床电气控制线路

一、填空题

1．铣床的种类很多，按结构形式和加工性能不同，分为__________、__________、龙门铣床、仿形铣床和专用铣床等。

2．X62W 型万能铣床在床身的前面有垂直的导轨，________可沿着导轨上下移动。

3．X62W 型万能铣床用操作手柄同时操作______与______部分，通过机电的紧密配合完成预定的操作，是机械与电气联合动作的典型控制系统。

4．铣削加工是一种不连续的切削加工方式，为减小振动，主轴上装有__________，但这样造成主轴停车困难，为此主轴电动机采用____________制动以实现准确停车。

5．X62W 型万能铣床的主运动和进给运动都是通过____________来进行变速的，为保证变速后齿轮能良好啮合，X62W 型万能铣床主轴和进给变速后，都要求电动机做________，即______________。

6．X62W 型万能铣床工作台能在__________、__________和__________六个方向上进给。

7．X62W 型万能铣床在加工过程中不需要频繁变换主轴旋转的方向，因此用______________来控制主轴电动机的正反转。

8．结合教材图 3–36 所示 X62W 型万能铣床的电气控制电路图填空：

（1）该铣床共用了三台电动机，分别是__________、__________和____________。

（2）主轴电动机 M1 的控制包括______控制、______控制、__________控制和__________控制。

（3）主轴更换铣刀时，将转换开关 SA1 扳向______位置，其常开触头 SA1–1____，电磁离合器____得电将主轴制动；同时常闭触头 SA1–2________，切断控制电路，铣床不能通电运转，确保了人身安全。

（4）工作台的左右进给操作手柄与行程开关______和_________联动，有____、____、____三个位置。当手柄扳向左位置时，手柄压下行程开关______，使接触器____得电吸合，电动机 M2____，同时将电动机的传动链和____________相连。

（5）进给变速时，在将变速盘推进去的过程中，挡块压下行程开关______，使触头________分断，______闭合，接触器 KM3 得电动作，电动机 M2 启动；但随着变速盘的复位，行程开关______也复位，M2 则失电停转。这样使电动机 M2 瞬时点动一下，齿轮系统产生一次抖动，齿轮实现了顺利啮合。

（6）工作台的快速移动是通过两个__________________和____________________配合实现的。

（7）圆形工作台的工作由转换开关______控制。当需要圆形工作台旋转时，将它扳到接通位置，其触头________和________处于断开状态，________处于闭合状态，接触器 KM3 得电，电动机 M2 启动运转。

（8）圆形工作台开动时其余进给一律________________，两个进给手柄必须置于__________。若出现误操作，扳动了两个进给手柄中的任意一个，电动机 M2 将立即__________。

（9）三个电磁离合器的作用分别是：YC1：____________；YC2：__________；YC3：__________。

二、填图题

填写图 3–4 所示 X62W 型万能铣床各部分的名称。

图 3–4

三、判断题

1．X62W 型万能铣床的顺铣和逆铣加工是由主轴电动机 M1 的正反转来实现的。（　　）

2．为了提高工作效率，X62W 型万能铣床要求主轴电动机和进给电动机能同时启动和停止。（　　）

3．X62W 型万能铣床三台电动机中的任意一台过载，三台电动机将都同时停止工作。（　　）

4．X62W 型万能铣床进给变速冲动控制也是通过变速手柄与冲动行程开关 SQ 配

合实现的。（　　）

5．圆形工作台工作时，允许工作台有六个方向的进给运动。（　　）

6．X62W 型万能铣床工作台的快速运动是由专门的电动机拖动的。（　　）

7．进给操作手柄被置于某一方向后，电动机 M2 只能朝一个方向旋转，其传动链也只能与一根丝杠搭合。（　　）

8．圆形工作台加工不需要调速，也不要求正反转。（　　）

9．X62W 型万能铣床在主轴电动机不启动的情况下，冷却泵电动机也可以单独启动。（　　）

四、选择题

1．X62W 型万能铣床的操作方法是（　　）。

A．全用按钮　　B．全用手柄　　C．既用按钮又用手柄

2．X62W 型万能铣床的主轴电动机 M1 要求正反转，不用接触器控制而用组合开关控制，是因为（　　）。

A．接触器易损坏　　B．正反转不频繁

C．操作方便

3．工作台进给没有采取制动措施，是因为（　　）。

A．惯性小　　B．速度不高且用丝杠传动

C．有机械制动

4．X62W 型万能铣床主轴电动机 M1 的制动采用（　　）。

A．反接制动　　B．电磁抱闸制动

C．电磁离合器制动

5．X62W 型万能铣床如果主轴未启动，那么工作台（　　）。

A．不能有任何进给　　B．可以进给

C．可以快速进给

6．圆形工作台的回转运动是由（　　）经传动机构驱动的。

A．主轴电动机 M1　　B．进给电动机 M2

C．冷却泵电动机 M3

7．当左右进给操作手柄扳向右端时，将压合行程开关（　　）。

A．SQ1　　B．SQ2　　C．SQ3　　D．SQ4

E．SQ5　　F．SQ6

8．当上下前后进给操作手柄扳向上端时，将压合行程开关（　　）。

A．SQ1　　B．SQ2　　C．SQ3　　D．SQ4

E．SQ5　　F．SQ6

9．为了工作可靠，电磁离合器 YC1、YC2、YC3 采用了（　　）电源。

A．直流　　B．低频交流　　C．高频交流

10．X62W 型万能铣床在电磁离合器（　　）得电时，工作台快速移动。

A．YC1　　B．YC2　　C．YC3

11．若 X62W 型万能铣床工作台正在向右进给，工人误操作，又将另一个手柄向

下压，这时联锁触头（　　）断开，使 KM3 失电，M2 停转。

A．SQ6–2 和 SQ3–2　　B．SQ5–2 和 SQ6–2

C．SQ3–2 和 SQ4–2

五、问答题

1．X62W 型万能铣床的主要运动形式有哪些？

2．X62W 型万能铣床上的工件能在哪些方向上调整位置或进给？

3．结合教材图 3–36 所示 X62W 型万能铣床的电气控制电路图，回答下列问题：

（1）主轴变速时产生瞬时冲动的目的是什么？简述其变速冲动的控制过程。

（2）进给控制电路中接触器 KM1、KM2 的辅助常开触头并联的作用是什么？

（3）在主轴制动离合器 YC1 的电路中，三个并联的触头 SB6–2、SB5–2、SA1–1 各有什么作用？

（4）简述工作台向右快速移动的控制过程。

六、实训题

结合教材图 3–36 所示 X62W 型万能铣床的电气控制线路图，分析下列故障的原因，并在教师指导下，完成故障排除实际操作练习。

1．工作台能前、后、上、下进给，但不能左右进给。

2．工作台能右进给但不能左进给。

3．工作台能快速移动，但主轴制动失灵。

课题 5　20/5t 桥式起重机电气控制线路

一、填空题

1．起重机是一种用来______或______重物，并使重物在短距离内______移动的起重设备。

2．20/5t 桥式起重机主要由__________、__________、__________和__________四部分组成。

3．桥式起重机的主钩和副钩都装在______上，主钩用来__________，副钩除可提升轻物外，还可以用来____________________工件。

4．由于起重机工作时是经常移动的，因此需采用__________电源供电。小型起重机常采用__________供电；大型起重机一般采用________和________供电。

5．桥式起重机的工作环境较恶劣，经常需带载启动，要求电动机的启动转矩大，启动电流小，且有一定的调速要求，因此多选用____________电动机拖动。

6．为保证人身和设备的安全，桥式起重机的停车必须采用安全可靠的制动方式，因此采用________________制动。

7．20/5t 桥式起重机中的绕线转子异步电动机采用转子回路串电阻的方法来实现______和______控制。

8．20/5t 桥式起重机主钩提升的第一挡作为预备级，是为了消除传动的间隙和张紧钢丝绳，以避免过大的__________，所以启动转矩不能太大。

9．当桥式起重机的驾驶室舱门或横梁栏杆开启时，主接触器 KM 的线圈______得电，起重机的所有电动机都______启动运行，从而保证了人身安全。

10．桥式起重机线路中具有______、________、__________及__________保护等多种保护环节。

11．桥式起重机在下放负载时，根据负载的大小，电动机的运行状态可以自动在______状态、___________状态或__________状态之间转换。

12．结合教材图 3-42 所示 20/5t 桥式起重机电气控制线路图填空：

（1）起重机投入运行前，应将所有凸轮控制器手柄置于____________位，合上__________，关好______和____________，使行程开关 SQ7、SQ8、SQ9 的常开触头处于________状态。

（2）桥式起重机的大车、小车和副钩电动机一般采用___________控制，而主钩电动机则采用___________配合___________进行控制。

（3）凸轮控制器 AC1 的手轮共有____个位置，中间位置是____位，左、右两边各有____个位置，用来控制电动机 M1 在不同转速下的正、反转。

（4）起重机各移动部分均采用__________作为行程限位保护，其中______和______作为小车横向限位保护；______和______作为大车纵向限位保护；________和______分别作为主钩和副钩提升的限位保护。

（5）桥式起重机的主钩下降有 6 挡位置，其中“J”“1”“2”为制动下降位置，用于重负载________，电动机处于______________运行状态；“3”“4”“5”挡为强力下降位置，主要用于轻负载__________。

（6）当负载很轻时，不能用制动下降挡的“1”或“2”挡下放负载，否则负载反而______，而应该用__________挡来吊运。

（7）在强力下降位置“3”“4”“5”挡，电动机 M5 接负序电压，产生下降方向的电磁转矩；YB5、YB6 的抱闸________，此时若负载较轻，M5 处于______状态，强力下降重物；若负载较重，M5 将进入______________状态，限制重物下降速度。

二、判断题

1．桥式起重机的主钩和副钩可以同时提升两个重物。（　　）

2．桥式起重机的主钩电动机需带负载启动，因此启动转矩越大越好。（　　）

3．桥式起重机的导轨及金属桥架应当可靠的接地。（　　）

4．桥式起重机在工作时，若副钩因过载而使过电流继电器 KA1 动作，电动机 M1 停转，其他电动机可照常启动运转。（　　）

5．桥式起重机的驾驶舱门和横梁栏杆门是否关闭不影响桥式起重机的工作。（　　）

6．桥式起重机在工作过程中，若遇到紧急情况需立即切断电源时，可拉下保护柜上的紧急开关 QS4。（　　）

7．为提高电动机运行的可靠性，桥式起重机上的 5 台电动机均采用三相平衡切除转子附加电阻的方式，以使三相转子电流平衡。（　　）

8．桥式起重机主钩升降的工作过程与副钩基本相似，区别仅在于它是通过接触器控制的。（　　）

9．当桥式起重机的主令控制器 AC4 的手柄扳到下降位置“J”挡时，电动机 M5 仍处于制动状态，主钩并不下降。（　　）

三、选择题

1．关于主钩和副钩位置的叙述正确的是（　　）。

A．主钩和副钩都装在小车上　　B．主钩和副钩都装在大车上

C．主钩装在大车上，副钩装在小车上

2．桥式起重机上容量最大的电动机是（　　）。

A．小车电动机 M2　　B．大车电动机 M3 和 M4

C．主钩电动机 M5

3．20/5t 桥式起重机中各电动机的过载保护由（　　）实现。

A．热继电器　　B．过电流继电器

C．低压断路器

4．桥式起重机的主钩电动机下放空钩时，电动机工作在（　　）状态。

A．正转电动　　B．反转电动　　C．倒拉反接

5．桥式起重机的主钩处于下降位置“1”挡时，若重力大于电动机的电磁力矩，重物下降，此时主钩电动机处于（　　）状态。

A．正转电动　　B．倒拉反接　　C．再生制动

6．桥式起重机的主钩处于下降位置“J”挡时，电动机接正序电压，转子回路切除了两级电阻，主钩电磁抱闸制动器 YB5、YB6 仍未松开，这种工作状态用于（　　）。

A．吊了重物停留在空中　　B．下放重物

C．提升重物

7．将桥式起重机主令控制器 AC4 的手柄从主钩下降位置“J”挡扳到下降位置“1”挡，发现重物不下降反而被提升，此时应当（　　）。

A．立即断开紧急开关 QS4

B．将 AC4 的手柄迅速扳回下降位置“J”挡

C．将 AC4 的手柄迅速扳到下降位置“2”挡

8．桥式起重机在下放重物的过程中，将主令控制器 AC4 的手柄从主钩下降位置“1”挡扳到下降位置“2”挡，重物下降的速度将（　　）。

A．加快　　B．变慢　　C．保持不变

四、问答题

1．桥式起重机采用电磁抱闸制动的优点是什么？

2．桥式起重机设置零位联锁保护的目的是什么？

3．结合教材图 3–42 所示 20/5t 桥式起重机电路图，回答下列问题：

（1）简述主令控制器 AC4 手柄置于下降位置“J”挡时主钩电动机 M5 的控制过程。

（2）在主钩控制电路中，为什么在接触器 KM9 的自锁触头上再串接一个 KM1 的辅助常开触头？

（3）在主钩控制电路中，为什么在接触器 KM2 的辅助常开触头两端再并接一个 KM9 的辅助常闭触头？

4．结合教材图 3–42 所示 20/5t 桥式起重机电路图，回答下列问题：

（1）若合上电源开关并按下启动按钮 SB 后，主接触器 KM 不吸合，可能的故障原因有哪些？

（2）合上电源开关并按下启动按钮 SB 后，主接触器 KM 能吸合但不能自锁，分析故障原因。

第四单元　变频调速系统

课题 1　通用变频器的基础知识

一、填空题

1．变频器是一种利用电力半导体器件的通断作用，将工频交流电源变换成____和____连续可调的交流电源，对交流电动机进行变频调速控制的电力控制设备。

2．三菱 FR 系列变频器的铭牌分为______铭牌与______铭牌。

3．交－直－交变频器主电路包括______电路、中间直流电路和________电路三部分。

4．通用变频器按中间变换环节不同，可分为__________型变频器和__________型变频器。

5．变频器的控制电路为主电路提供控制信号，其主要任务是完成对逆变器中开关元件的__________和提供多种保护功能。控制方式有__________和__________两种。

6．变频器的转矩提升功能可分为________________和______________________。

7．对电动机供电的变频器一般要求兼有__________和__________功能，通常将这种变频器称为__________型变频器。

8．脉冲宽度调制技术简称______技术，按正弦规律变化的脉冲宽度调制技术简称________技术。

9．三相异步电动机变频调速后的机械特性在基频以下调速时属于__________调速，在基频以上调速时属于______________调速。

二、判断题

1．通用变频器的变换环节大多采用交－交变频变压方式。（　　）

2．交－直－交变频器主电路续流二极管的主要作用是在换相过程中为电流提供通路。（　　）

3．在改变频率进行调速时，必须采取措施保持电动机磁通恒定并为额定值。（　　）

4．在基频以上调速时，为保证 U/f 等于常数，变频器的输出电压可以超过额定电压 U_{1N}。（　　）

三、选择题

1．U/f 控制的调速系统在工作频率较低时，电动机的输出转矩将（　　）。

A．上升　　B．下降　　C．保持不变

2．三相异步电动机在基频 f_{1N} 以下调速属于（　　）性质。

A．恒转矩调速　　B．恒功率调速　　C．恒电压调速

3．为保持电动机的效率、功率因数不下降，在变频调速过程中应尽量保持电动机的（　　）基本恒定。

A．定子电压　　B．定子电流　　C．铁芯磁通

四、问答题

1．什么是通用变频器？

2．逆变器的作用是什么？

3．变频器中制动电阻 RB 和制动三极管 VB 的作用是什么？

4．采用 *U/f* 控制的变频器为什么要具有转矩提升功能？

5．什么是脉冲宽度调制（PWM）技术？

6．什么是正弦脉冲宽度调制（SPWM）技术？

五、画图题

画出三相异步电动机基频以下变频调速后的机械特性。

课题 2　通用变频器的参数和基本操作

一、填空题

1．转矩提升功能的作用是提高低频时电动机的__________，补偿电动机绕组上的________，改善电动机低速时的转矩性能。

2．基准频率（Pr.3）主要用于设定电动机在__________时变频器的输出频率。当用标准电动机时，通常设定为________________。

3．当变频器控制一台电动机运行时，电子过电流保护（Pr.9）的值一般设定为电动机额定电流的____倍。

4．变频器操作面板的基本操作包括___________、__________、________及参数设定等。

5．锁定操作可以防止参数变更、防止意外启动或停止，使操作面板的 M 旋钮和键盘操作______。

6．在监视模式中按 (SET) 键可以切换_________、_________、_________的监视器显示。

7．测量变频器主电路绝缘电阻时，必须将所有输入端（R、S、T）和输出端（U、V、W）都连接起来，再用____V 兆欧表测量绝缘电阻，其值应在____MΩ 以上。

8．测量变频器控制电路的绝缘电阻要用______________测量，绝对不能用兆欧表或其他有高电压的仪表测量。

二、判断题

1．加速时间 Pr.7 的设定值就是变频器输出频率从 0 Hz 加速到运行频率所需要的时间。（　　）

2．测量变频器控制电路的绝缘电阻时，应选用 500 V 兆欧表。（　　）

3．无论什么时候，变频器在进行参数设置之前都需要进行一次“全部清除”的操作，将变频器参数恢复为初始值。（　　）

4．通过改变变频器输入端子 RH、RM 和 RL 的状态，只能设定三段运行速度。（　　）

5．如果运行频率设定值高于 Pr.1 设定的上限频率，则变频器输出频率被固定在上限频率。（　　）

三、选择题

1．FR-A740 系列变频器可以通过外部输入端子 RH、RM 和 RL 的状态设定（　　）段运行速度。

A．四　　B．三　　C．七

2．加速时间（Pr.7）设定的值就是变频器从 0 Hz 加速到（　　）频率的时间。

A．运行　　B．Pr.3 设定　　C．Pr.20 设定

3．当用 FR-A740 系列变频器控制泵类负载时，反转防止选择（Pr.78）的值应设定为（　　）。

A．0　　B．1　　C．2

4．变频器的参数很多，在实训过程中为了使调试能够顺利进行，开始运行前需要进行一次“全部清除”操作，将变频器参数恢复为（　　）。

A．初始值　　B．最终值　　C．中间值

5．当需要用 PU 设定变频器的运行频率，用外部信号控制电动机启停时，运行模式选择（Pr.79）的值应设定为（　　）。

A．1　　B．2　　C．3

四、问答题

1．FR-A740 系列变频器配用 FR-DU07 型操作面板的主要功能有哪些？

2．上限频率（Pr.1）和下限频率（Pr.2）的作用分别是什么？

3．在锁定操作状态下，应怎样解除锁定，使操作再次有效？

课题 3　通用变频器的外部运行操作

一、填空题

1．变频器控制电路端子的接线应使用______或______，而且必须与主电路、强电电路分开接线，屏蔽层应可靠接地。

2．连接变频器控制回路端子的导线建议使用____mm^2 的导线，且接线长度不要超过________m。

3．变频器频率到达信号（SU）在输出频率达到设定频率的 ±10%（出厂）时为________，正在加 / 减速或停止时为________。

4．外部运行操作也称为外部控制模式，就是用变频器控制回路端子上的外部接线控制电动机的______和________。

5．变频器因保护功能动作停止输出时，继电器输出 A 与 C 间______，B 与 C 间______。

6．变频器在外部运行模式下可以通过______或__________控制输出频率。

7．用操作面板和外部端子接线共同控制变频器运行，称为______________。FR-A740 系列变频器有____种组合运行模式。

二、判断题

1．不同容量的 FR-A740 系列变频器的主回路接线端子布局都是一样的。（　　）

2．当变频器的正转启动信号 STF 和反转启动信号同时为 ON 时，变频器停止运行。（　）

3．变频器的控制电路输入端子必须外加输入电压。（　）

4．变频器的端子 SD、SE 以及端子 5 是输入输出信号的公共端端子，可以与大地相接。（　）

5．变频器在正常运行时，可以用操作面板上的【STOP】键停止变频器运行。（　）

6．将变频器的运行模式选择参数（Pr.79）设定为 4（Pr.79=4）时，变频器的运行频率只能由外部端子 RH、RM、RL 信号控制。（　）

7．FR-A740 系列变频器可以由外部模拟信号控制输出频率。（　）

三、选择题

1．FR-A740 系列变频器控制回路用交流电源的电压是（　）V。

A．380　　B．220　　C．110

2．FR-A740 系列变频器可以通过设定运行模式选择参数（Pr.79）为（　）或通过 PU/EXT 键切换将变频器设置为外部运行操作模式。

A．1　　B．2　　C．3

3．将 FR-A740 系列变频器的运行模式选择参数（Pr.79）设定为（　）时，变频器由操作面板控制电动机的启停，由外部端子 RH、RM、RL 信号或模拟信号控制电动机的运行频率。

A．2　　B．3　　C．4

4．当 FR-A740 系列变频器输出频率为（　）（初始值 0.5 Hz）或以上时，输出信号 RUN 为低电平；正在停止或正在直流制动时，输出信号 RUN 为高电平。

A．启动频率　　B．设定频率　　C．上限频率

四、问答题

1．什么是变频器的外部运行操作？如何将变频器设定为外部运行操作？

2．什么是组合运行模式？ FR-A740 系列变频器有哪两种常用组合运行模式？

五、画图题

通过外部端子控制 FR-A740 系列变频器驱动电动机实现四段速运行，试画出系统接线图。

课题 4　通用变频器的选用、安装与维护

一、填空题

1．变频器的额定值包括____________及____________。

2．在变频器的输出侧额定值中，____________是用户选择变频器的主要依据。

3．适用电动机功率 P_N（kW）是指以____极标准电动机为对象，表示在额定输出电流以内可以驱动的电动机功率。

4．变频器的选择主要包括______的选择和______的选择。

5．轧钢、造纸、塑料薄膜加工线这一类要求高精度、快响应的生产机械，多选用________________通用变频器。

6．变频器的专用配件一般包括进线交流电抗器、滤波器、__________、__________和______________。

7．在变频调速系统中，电动机的启动电流可控制在较小范围内，因此，电源侧断路器的额定电流可按__________________来选用。

8．在一个控制柜内安装多台变频器时，要尽量____放置。

9．变频器的控制电路可分为____控制线和______控制线两种。

10．变频调速系统中的接触器、电磁继电器及其他各类电磁铁的线圈都具有较大的电感，因此，在交流电源的线圈两端应并接____________________，在直流电源的线圈两端应并接______。

11．如果变频器工作现场不具备接地条件，接地端子“PE”或“E”可以_______，但不能与___________相接，以免引入强干扰。

12．变频调速系统的调试工作一般应遵循“先_________，后_______”“先空载、继轻载、后重载”的规律。

13．测量变频器的输出电压最好选用_______式仪表。如选用电磁式仪表，则读数偏差较大。绝对不能用一般___________。

14．测量变频器的输入和输出电流最好选用_______式仪表。

15．变频器中使用的消耗性器件主要有__________、_________等。

16．变频器一般的定期检查应每______进行一次。

17．对于长期不用的变频器，应进行_________，以使变频器主回路__________的特性得以恢复。

18．当变频调速系统出现故障时，应将检修的重点放在________、__________、_________、_________及它们与主控板单元的接口电路部分。

二、判断题

1．对于各种不同类型的负载，都可以根据使用电动机功率来选择变频器的容量。（　　）

2．变频器在运行过程中，不能用电源侧的交流接触器停止变频器。（　　）

3．变频器的输出端不能接电力电容器或浪涌吸收器。（　　）

4．在变频器控制电路中，模拟量控制线必须使用屏蔽线，且屏蔽层靠近变频器的一端应接控制电路的公共端并可靠接地。（　　）

5．为方便接线，可以将一台变频器的接地端与另一台变频器的接地端相接后再接地。（　　）

6．主控板单元是变频器出现故障概率最高的部件，检修时应重点检查。（　　）

7．当变频器发生故障而又无故障显示时，不能再贸然通电，以免造成更大的损坏。（　　）

三、选择题

1．变频器的额定输出电压是指变频器输出电压中的（　　）。

A．最大值　　B．最小值　　C．有效值

2．变频器的额定输出电流是指变频器可以连续输出的最大交流电流的（　　）。

A．最大值　　B．最小值　　C．有效值

3．变频器专用配件直流电抗器的主要功能是（　　）。

A．改善功率因数，抑制尖峰电流

B．提高制动力矩

C．减小无线电干扰

4．可以通过（　　）的频繁操作，使变频器在启停状态间不断转换。

A．交流电源侧断路器　　B．交流电源侧接触器

C．控制回路输入端子

5．变频器电源侧需要使用漏电保护器时，应注意：一是漏电保护器应设于变频器的输入侧，置于断路器之后；二是漏电保护器的动作电流应大于该线路在工频电源下不使用变频器时漏电流的（　　）倍。

A．1.5　　B．10　　C．5

6．变频调速系统中交流电源的接触器、电磁继电器线圈两端应并接（　　）。

A．RC 浪涌电压吸收电路　　B．吸收二极管

C．稳压二极管

7．变频调速系统中直流电源的接触器、电磁继电器线圈两端应并接（　　）。

A．RC 浪涌电压吸收电路　　B．吸收二极管

C．稳压二极管

四、问答题

1．按控制功能不同，通用变频器可以分为哪几种类型？

2．在变频调速系统中使用漏电保护器需要注意什么问题？

3．在变频器控制电路中，模拟量控制线主要有哪些？

4．在变频器控制电路中，模拟量控制线的布线应注意哪些问题？

5．变频器的日常检查项目主要有哪些？

6．变频器维护时应注意哪些事项？

7．变频器的异常显示大体可分为哪几种？